Eine Lösung
für die Berechnung der biegsamen
rechteckigen Platten

Von

Dr. S. Iguchi

Professor an der Hokkaido Kaiserlichen Universität
zu Sapporo, Japan

Mit 13 Textabbildungen
und 3 Tafeln

Berlin
Verlag von Julius Springer
1933

ISBN-13:978-3-642-89893-8   e-ISBN-13:978-3-642-91750-9
DOI: 10.1007/978-3-642-91750-9

Vorwort.

Die Platte, die ein wichtiges Element zahlreicher Konstruktionen bildet, bietet bedeutende und interessante Aufgaben sowohl für den Ingenieur als auch für den Theoretiker auf dem Gebiet der Elastizitäts- und Festigkeitslehre. Seitdem Theorie und Praxis der Eisenbetonkonstruktion eine große Entwicklung durchgemacht haben, spielt die Platte, besonders die ebene rechteckige Platte, in unseren Baukonstruktionen eine bedeutende Rolle und bildet den Gegenstand bemerkenswerter theoretischer und experimenteller Untersuchungen zahlreicher Forscher.

Der Verfasser versucht in diesem kleinen Buch, genannt „Eine Lösung für die Berechnung der biegsamen rechteckigen Platten", erstens das Problem der orthogonal anisotropen rechteckigen Platte möglichst allgemein zu behandeln, und zweitens die praktisch wichtigen Formeln und Zahlenbeispiele für einige spezielle Fälle zu geben. Wenn das Buch demjenigen, der sich für das hier genannte Problem interessiert, bei seinen Untersuchungen einige gute Dienste leisten sollte, so würde der Zweck der Arbeit erreicht sein.

Den wertvollen Werken von Herrn Prof. Dr.-Ing. A. Nádai, Herrn Dir. Dr.-Ing. H. Marcus, Herrn Prof. Dr.-Ing. M. T. Huber und vielen anderen Vorgängern verdankt der Verfasser sehr viel für seine Forschungen über Plattenprobleme.

Berlin, im Juli 1933.

S. Iguchi.

Inhaltsverzeichnis.

Berichtigungen.

Seite 19, 15. Zeile von oben lies: $\left.-\dfrac{4\,K'^{2}}{K^{4}}\right\}$ anstatt $-\dfrac{4\,K'^{2}}{K^{4}}$

Seite 27, 5. Zeile von unten lies:
„Gleichung, beispielsweise für die gleichmäßig belastete freiaufliegende Platte in‟
anstatt „Gleichung, in‟

Iguchi, Biegsame rechteckige Platten.

Einleitung.

Die Erforschung der Durchbiegung und der hierbei eintretenden Beanspruchung der verbogenen isotropen rechteckigen Platte ist bereits von vielen bekannten Vertretern der mathematischen und angewandten Elastizitätslehre durchgeführt worden, die verschiedene wertvolle Lösungsverfahren und dadurch ermittelte Formeln gegeben haben. Aber die bisher behandelten Probleme sind hauptsächlich auf einige einzelne Fälle mit speziellen Belastungen und Grenzbedingungen beschränkt worden. Der Verfasser sucht in dieser kleinen Schrift die Behandlung möglichst allgemein zu gestalten.

Zu diesem Zweck wählt er als Grundgleichung der elastischen Platte die Formel von M. T. Huber, die für die orthogonal anisotropen Platten mit ungleichen Biegungssteifigkeiten in den zwei orthogonalen Richtungen gilt. Auf Grund dieser Formel wird die allgemeine Gleichung für die Durchbiegung abgeleitet, die für jede beliebige rechteckige Platte anwendbar ist, ohne Rücksicht sowohl auf das Verhältnis der Biegungssteifigkeiten in den zwei senkrechten Richtungen als auch auf die Verteilungsweise der Belastung und sogar auch auf die Randbedingungen (beschränkt aber auf die im § 2 angegebenen 9 Fälle) der Platte. Ferner werden die wichtigen Formeln und Zahlenbeispiele für einige spezielle Fälle gegeben, um die Methode der Anwendung der allgemeinen Formeln zu erläutern, und um den Biegungszustand der rechteckigen Platte numerisch und zeichnerisch betrachten zu können. Bei der Lösung der Grundgleichung, d. h. der partiellen Differentialgleichung vierter Ordnung, hat der Verfasser zuerst eine unendliche Doppelreihe angewandt, deren jedes Glied aus dem Produkt zweier Funktionen besteht, die durch die Summe eines kubischen algebraischen Ausdrucks und einer Kreisfunktion ausgedrückt werden und von denen die eine die unabhängige Veränderliche x und die andere eine solche y hat. Aus dieser Doppelreihe kann man die Werte der darin befindlichen Koeffizienten sehr leicht berechnen, so daß die Reihe alle vorgegebenen Grenzbedingungen erfüllt, und daher ist diese nach seiner Meinung viel bequemer als die gewöhnliche Lösungsmethode, besonders wenn man die allgemeine Lösung für die rechteckige Platte zu ermitteln beabsichtigt. Die so bestimmte Reihe kann natürlich auch durch eine Fouriersche Doppelreihe ausgedrückt werden. Der Bequemlichkeit halber hat der Verfasser aber für den praktischen Gebrauch die Doppelreihe in die einfache Reihe, die schneller als die erste konvergiert, umgeformt, weil es uns möglich ist, die unendliche Summe in bezug auf einen Index m oder n der Doppelreihe zu ermitteln, wenn die Belastung und die Grenzbedingungen der betrachteten Platte gegeben sind.

Erstes Kapitel.

Allgemeine Erörterung.

§1. Die Differentialgleichung der elastischen Fläche einer Platte.

Die elastische Fläche einer dünnen verbogenen Platte, die in zwei orthogonalen Richtungen von der x- und y-Achse ungleiche Biegungssteifigkeiten hat, wird im allgemeinen durch die folgende lineare partielle Differentialgleichung vierter Ordnung bezeichnet:

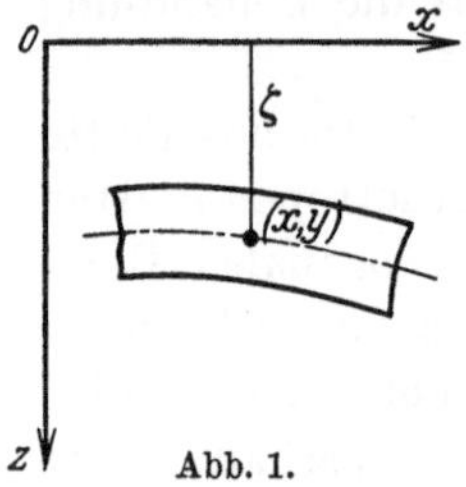

$$\frac{\partial^4 \zeta}{\partial x^4} + 2 K'^2 \frac{\partial^4 \zeta}{\partial x^2 \partial y^2} + K^2 \frac{\partial^4 \zeta}{\partial y^4} = \frac{p_{xy}}{N_x} \tag{1a}$$

oder, wenn

$$\left.\begin{array}{l} p_{xy} = p\,f(x,y) \\ \lambda^2 = K'^2 + \sqrt{K'^4 - K^2} \\ \lambda'^2 = K'^2 - \sqrt{K'^4 - K^2} \end{array}\right\} \tag{1b}$$

Abb. 1.

auch durch die Gleichung:

$$\left(\frac{\partial^2}{\partial x^2} + \lambda^2 \frac{\partial^2}{\partial y^2}\right)\left(\frac{\partial^2}{\partial x^2} + \lambda'^2 \frac{\partial^2}{\partial y^2}\right)\zeta = \frac{p}{N_x} f(x,y). \tag{1c}$$

In diesen Gleichungen bedeutet p_{xy} eine gegebene Belastung auf der Flächeneinheit der Platte, p ein Konstante, N_x die Plattensteifigkeit in der x-Richtung, K und K' von den Plattensteifigkeiten in den x- und y-Richtungen abhängige Beiwerte. Z. B. wenn der Elastizitätsmodul der Platte mit E, die Trägheitsmomente und Poissonschen Zahlen in zwei Richtungen mit J_x bzw. J_y und $\frac{1}{\mu_1}$ bzw. $\frac{1}{\mu_2}$ bezeichnet werden, erhält man nach M. T. Huber[1] folgende Beziehungen:

$$\left.\begin{array}{ll} N_x = \dfrac{\mu_1 \mu_2}{\mu_1 \mu_2 - 1} E J_x = & \text{Biegungssteifigkeit in der } x\text{-Richtung} \\[2mm] N_y = \dfrac{\mu_1 \mu_2}{\mu_1 \mu_2 - 1} E J_y = & \text{Biegungssteifigkeit in der } y\text{-Richtung} \\[2mm] K^2 = \dfrac{N_y}{N_x} = \dfrac{J_y}{J_x} = & \text{Verhältnis der Biegungssteifigkeiten} \\[2mm] K'^2 = \dfrac{1}{2}\left(\dfrac{K^2}{\mu_1} + \dfrac{1}{\mu_2}\right) + \dfrac{2C}{N_x}, & \text{worin } 2C = \text{Torsionssteifigkeit.} \end{array}\right\} \tag{2}$$

In einem speziellen Falle, wo $K = K' = 1$, naturgemäß $\lambda = \lambda' = 1$ ist, wird die Gl. (1a) in der einfacheren Form geschrieben

$$\frac{\partial^4 \zeta}{\partial x^4} + 2 \frac{\partial^4 \zeta}{\partial x^2 \partial y^2} + \frac{\partial^4 \zeta}{\partial y^4} = \left(\frac{\partial^2}{\partial x^2} + \frac{\partial^2}{\partial y^2}\right)^2 \zeta = \frac{p_{xy}}{N_x} \tag{3}$$

Das ist die wohlbekannte Gleichung für isotrope elastische Platten.

---

[1] Bauing. 1923 Heft 12 u. 13.

§ 2. Die Voraussetzung der Gleichung für die Durchbiegung der rechteckigen Platte und ihre Grenzbedingungen.

Um die Lösung der Gl. (1a) für eine durch Abb. 2 dargestellte rechteckige Platte mit den Seiten a und b zu ermitteln, setzen wir zuerst voraus, daß die Durchbiegung ζ an einem beliebigen Punkt (x, y) durch eine Doppelreihe der Form

$$\zeta = \frac{p\,b^4}{N_x} \sum_m \sum_n A_{mn} X_{mn} Y_{mn} \left. \right\} \qquad (4)$$
$$m, n = 1, 2, 3, 4, \ldots, \infty \left. \right\}$$

ausgedrückt werden kann; X_{mn} und Y_{mn} sind hierbei Funktionen der einzigen unabhängigen Veränderlichen x bzw. y, während A_{mn} ein unbekannter Beiwert ist. Für eine rechteckige Platte gibt es im allgemeinen je vier Grenzbedingungen für jede unabhängige Veränderliche x und y; wenn wir aber unsere Untersuchungen auf die Fälle beschränken, in denen die Durchbiegung überall auf mindestens zwei gegenüberstehenden Seiten $y = 0$ und $y = b$ verschwindet, können wir die Funktionen X_{mn} und Y_{mn} durch folgende Ausdrücke bezeichnen[1]:

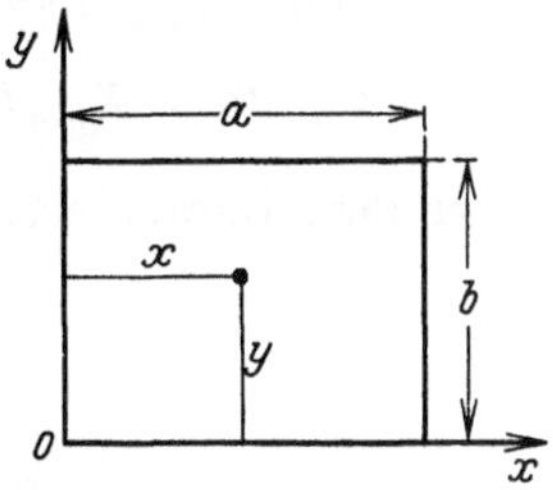

Abb. 2.

$$X_{mn} = \frac{C_{mn}}{3}\left(\frac{x^3}{a^3} - \frac{x}{a}\right) - \frac{C'_{mn}}{3}\left(\frac{x^3}{a^3} - \frac{3x^2}{a^2} + \frac{2x}{a}\right) + C''_{mn}\frac{x}{3a}$$
$$\left. + C'''_{mn}\left(1 - \frac{x}{a}\right) + \frac{1}{m\pi}\operatorname{Sin}\frac{m\pi}{a}x \qquad\right\} \qquad (5)$$
$$Y_{mn} = \frac{D_{mn}}{3}\left(\frac{y^3}{b^3} - \frac{y}{b}\right) - \frac{D'_{mn}}{3}\left(\frac{y^3}{b^3} - \frac{3y^2}{b^2} + \frac{2y}{b}\right) + \frac{1}{n\pi}\operatorname{Sin}\frac{n\pi}{b}y.$$

Hierin bedeuten jedes C und D die festen Werte, die so bestimmt werden sollen, daß die Gl. (4), in der man X_{mn} und Y_{mn} durch ihre Ausdrücke (5) ersetzt, alle vorgegebenen Grenzbedingungen erfüllt. Die Werte von C und D kann man wie folgt berechnen.

I. Die auf den vier Seiten des Rechtecks frei aufliegende Platte.

In diesem Falle verschwinden die Durchbiegung und das Biegungsmoment überall auf den Rändern des Rechtecks; somit lauten die

---

[1] Für die weiteren Berechnungen sind die hierbei angenommenen Ausdrücke von X_{mn} und Y_{mn} am bequemsten, obwohl sie auch durch noch regelmäßigere Formen

$$X_{mn} = C_{mn}\frac{x^3}{a^3} + C'_{mn}\frac{x^2}{a^2} + C''_{mn}\frac{x}{a} + C'''_{mn} + \operatorname{Sin}\frac{m\pi}{a}x$$
$$Y_{mn} = D_{mn}\left(\frac{y^3}{b^3} - \frac{y}{b}\right) + D'_{mn}\left(\frac{y^2}{b^2} - \frac{y}{b}\right) + \operatorname{Sin}\frac{n\pi}{b}y$$

ausgedrückt werden können.

Grenzbedingungen:

$$X_{mn}(0) = X_{mn}(a) = 0, \qquad Y_{mn}(0) = Y_{mn}(b) = 0,$$
$$X''_{mn}(0) = X''_{mn}(a) = 0 \quad \text{und} \quad Y''_{mn}(0) = Y''_{mn}(b) = 0.$$

Daraus folgt:

$$\left. \begin{aligned} C_{mn} &= C'_{mn} = C''_{mn} = C'''_{mn} = 0 \\ D_{mn} &= D'_{mn} = 0 . \end{aligned} \right\} \tag{6}$$

II. Die auf der Seite $x = 0$ vollkommen eingespannte und auf den übrigen drei Seiten frei aufliegende Platte.

In diesem Falle sollen die Funktion X_{mn} und ihre erste und zweite Ableitung X'_{mn} und X''_{mn} die Bedingungen

$$X_{mn}(0) = X_{mn}(a) = 0, \qquad X'_{mn}(0) = 0 \quad \text{und} \quad X''_{mn}(a) = 0$$

erfüllen. Daraus erhält man

$$\left. \begin{aligned} C_{mn} &= C''_{mn} = C'''_{mn} = 0 \\ C'_{mn} &= \tfrac{3}{2} . \end{aligned} \right\} \tag{7}$$

Wie im letzten Falle verschwinden die Werte von D_{mn} und D'_{mn} in der Funktion Y_{mn}.

III. Die auf den zwei gegenüberliegenden Seiten $x = 0$ und $x = a$ vollkommen eingespannte und auf den übrigen Seiten frei aufliegende Platte.

Durch analoge Rechnung wie oben erhält man folgende Formeln:

$$\left. \begin{aligned} C_{mn} &= C_m = -1 - 2(-1)^m \\ C'_{mn} &= C'_m = 2 + (-1)^m \\ C''_{mn} &= C'''_{mn} = 0 , \end{aligned} \right\} \tag{8}$$

während die Werte von jedem D auch hier verschwinden.

IV. Die auf den zwei benachbarten Seiten $x = 0$ und $y = 0$ vollkommen eingespannte und auf den anderen zwei Seiten frei aufliegende Platte.

Jedes C für diese Platte hat denselben Wert wie in (7), während jedes D den Wert

$$\left. \begin{aligned} D_{mn} &= 0 \\ D'_{mn} &= \tfrac{3}{2} \end{aligned} \right\} \tag{9}$$

hat.

V. Die auf den drei Seiten $x = 0$, $y = 0$, und $y = b$ vollkommen eingespannte und auf der übrigen einzigen Seite frei aufliegende Platte.

Auch in diesem Falle sind die Werte von jedem C dieselben wie in (7). Jedes D wird durch die Formeln

$$\left.\begin{aligned}
D_{mn} = D_n &= -1 - 2\,(-1)^n \\
D'_{mn} = D'_n &= 2 + (-1)^n
\end{aligned}\right\} \tag{10}$$

gegeben.

VI. Die auf den vier Seiten vollkommen eingespannte Platte.

Für diesen Fall erkennt man leicht, daß die Werte von jedem C bzw. D durch die Formeln (8) bzw. (10) gegeben werden.

Die Durchbiegungen der Platten, welche die in den vorstehenden sechs Fällen angeführten Grenzbedingungen haben, verschwinden überall auf den vier Seiten wegen ihrer festen Auflager oder deswegen, weil die Platten keine freie Seite haben. In diesen Fällen können die Werte von C bzw. D aus der Funktion X_{mn} bzw. Y_{mn} oder ihren entsprechenden Ableitungen einzeln ausgerechnet werden und es folgt, daß jedes C (folglich auch die Funktion X_{mn}) kein n, sondern nur m, jedes D (folglich die Funktion Y_{mn}) dagegen kein m, sondern nur n enthalten müssen. Der Fall für eine Platte, die eine oder mehrere vollkommen freie Seiten hat, ist wie nachstehend bemerkt, ein ganz anderer.

VII. Die Platte, deren drei Seiten $x = 0$, $y = 0$ und $y = b$ frei aufliegen, während die Seite $x = a$ vollkommen frei ist.

Wegen des Verschwindens des Biegungsmoments und der Auflagerkraft längs der freien Seite $x = a$ lauten die Bedingungen:

$$X''_{mn}(a)\, Y_{mn} + \frac{1}{\mu_2}\, X_{mn}(a)\, Y''_{mn} = 0 \quad \text{nach (37)},$$

und

$$X'''_{mn}(a)\, Y_{mn} + \left(\frac{1}{\mu_2} + \frac{4\,C}{N_x}\right) X'_{mn}(a)\, Y''_{mn} = 0 \quad \text{nach (39), (42) und (44)},$$

worin

$$Y_{mn} = \frac{1}{n\pi}\,\mathrm{Sin}\,\frac{n\pi}{b}\,y\,, \qquad Y''_{mn} = -\,\frac{n\pi}{b^2}\,\mathrm{Sin}\,\frac{n\pi}{b}\,y\,.$$

Die Berechnung ergibt hier die Werte von C:

$$C_{mn} = -\,\frac{(-1)^m\left(1 + \varepsilon\,\dfrac{m^2\pi^2}{\alpha_n^2}\right)}{\dfrac{2}{\alpha_n^2}\,(\mu_2 - \varepsilon) + \dfrac{2}{3}}\,, \qquad \left.\vphantom{\frac{\frac{2}{2}}{\frac{2}{2}}}\right\} \tag{11}$$

worin
$$\frac{1}{\varepsilon} = \frac{1}{\mu_2} + \frac{4\,C}{N_x}\,, \qquad \alpha_n = \frac{a}{b}\,n\pi$$
$$C'_{mn} = C'''_{mn} = 0\,, \qquad C''_{mn} = \frac{6\,\mu_2}{\alpha_n^2}\,C_{mn}\,. \tag{11}$$

Ersichtlich sind die Werte von D gleich Null.

VIII. Die Platte, deren zwei Seiten $y = 0$ und $y = b$ frei aufliegen, während die anderen zwei vollkommen frei sind.

In diesem Falle erhält jedes C die folgenden Werte:

$$C_{mn} = -\frac{(-1)^m}{2}\left(1 + \varepsilon\,\frac{m^2\pi^2}{\alpha_n^2}\right)\left\{1 - (-1)^m + \frac{1 + (-1)^m}{\frac{1}{3} + \frac{4}{\alpha_n^2}\,(\mu_2 - \varepsilon)}\right\}$$

$$C'_{mn} = -\frac{(-1)^m}{2}\left(1 + \varepsilon\,\frac{m^2\pi^2}{\alpha_n^2}\right)\left\{1 - (-1)^m - \frac{1 + (-1)^m}{\frac{1}{3} + \frac{4}{\alpha_n^2}\,(\mu_2 - \varepsilon)}\right\} \tag{12}$$

$$C''_{mn} = \frac{6\,\mu_2}{\alpha_n^2}\,C_{mn}\,, \qquad C'''_{mn} = \frac{2\,\mu_2}{\alpha_n^2}\,C'_{mn}\,.$$

Auch hier verschwinden die Werte von D.

IX. Die Platte, deren zwei Seiten $y = 0$ und $y = b$ frei aufliegen, während die Seite $x = 0$ vollkommen eingespannt und die vierte vollkommen frei ist.

Hierbei erhält man folgende Formeln:

$$C_{mn} = -\frac{(-1)^m\left(1 + \varepsilon\,\dfrac{m^2\pi^2}{\alpha_n^2}\right) + \dfrac{3\,\mu_2}{\alpha_n^2} + \dfrac{1}{2}}{\dfrac{3\,\varepsilon}{\alpha_n^4}\,(2\,\mu_2 - \alpha_n^2) + \dfrac{3\,\mu_2}{\alpha_n^2} + \dfrac{1}{2}}$$

$$C'_{mn} = \frac{3}{2} + \left(\frac{3\,\mu_2}{\alpha_n^2} - \frac{1}{2}\right)C_{mn} \tag{13}$$

$$C''_{mn} = \frac{6\,\mu_2}{\alpha_n^2}\,C_{mn}\,, \quad C'''_{mn} = 0\,.$$

Wie in den früheren Fällen verschwinden die Werte von D.

Da die beiden Beiwerte D_{mn} und D'_{mn} in der Funktion Y_{mn} für die Platten, die irgendeine von den neun in den vorhergehenden Absätzen genannten Grenzbedingungen haben, kein m, sondern nur n enthalten, werden wir immer in den nachstehenden Berechnungen die Zeichen D_n bzw. D'_n anstatt D_{mn} bzw. D'_{mn}, und folglich das Zeichen Y_n anstatt Y_{mn} anwenden.

§ 3. Die Gleichung des unbestimmten Beiwertes A_{mn}.

Da wir durch die in dem letzten Paragraphen angeführten Formeln die Werte von $C_{mn}, C'_{mn} \ldots D_n$ und D'_n, die den vorgegebenen Grenzbedingungen entsprechen, festsetzen können, werden wir die Lösung der Grundgleichung erhalten können, wenn wir nur den Beiwert A_{mn} zweckmäßig so wählen, daß unsere vorausgesetzte Gl. (4) der Differentialgleichung (1a) genügt.

Setzt man zuerst zu diesem Zweck den durch die Gl. (4) gegebenen Ausdruck von ζ in die Grundgleichung (1a) ein, so erhält man eine Beziehung:

$$b^4 \sum_m \sum_n A_{mn} \left(X_{mn}'''' Y_n + 2 K'^2 X_{mn}'' Y_n'' + K^2 X_{mn} Y_n'''' \right) = f(x, y).$$

Diese beiden Seiten werden in die Fourierschen Doppelreihen von

$$\operatorname{Sin} \frac{m\pi}{a} x \operatorname{Sin} \frac{n\pi}{b} y$$

wie folgt entwickelt:

$$\frac{4 b^4}{ab} \sum_m \sum_n \left\{ \sum_r \sum_s A_{rs} \int_0^a \int_0^b \left(X_{rs}'''' Y_s + 2 K'^2 X_{rs}'' Y_s'' + K^2 X_{rs} Y_s'''' \right) * \right.$$

$$\left. \times \operatorname{Sin} \frac{m\pi}{a} x \operatorname{Sin} \frac{n\pi}{b} y\, dx\, dy \right\} \operatorname{Sin} \frac{m\pi}{a} x \operatorname{Sin} \frac{n\pi}{b} y$$

$$= \frac{4}{ab} \sum_m \sum_n \left\{ \int_0^a \int_0^b f(x, y) \operatorname{Sin} \frac{m\pi}{a} x \operatorname{Sin} \frac{n\pi}{b} y\, dx\, dy \right\}$$

$$\times \operatorname{Sin} \frac{m\pi}{a} x \operatorname{Sin} \frac{n\pi}{b} y.$$

Da die oben angeführte Beziehung stets für alle Werte der beiden unabhängigen Veränderlichen x und y gelten soll, die natürlich den Punkten innerhalb des Grundgebiets des Rechtecks $0 \leqq x \leqq a$ und $0 \leqq y \leqq b$ entsprechen, erhält man

$$\frac{4 b^3}{a} \sum_r \sum_s A_{rs} \int_0^a \int_0^b \left(X_{rs}'''' Y_s + 2 K'^2 X_{rs}'' Y_s'' + K^2 X_{rs} Y_s'''' \right)$$

$$\times \operatorname{Sin} \frac{m\pi}{a} x \operatorname{Sin} \frac{n\pi}{b} y\, dx\, dy = R_{mn} \tag{14}$$

worin

$$R_{mn} = \frac{4}{ab} \int_0^a \int_0^b f(x, y) \operatorname{Sin} \frac{m\pi}{a} x \operatorname{Sin} \frac{n\pi}{b} y\, dx\, dy.$$

---

* Um die Zeichen m bzw. n in dem Ausdruck

$$X_{mn}'''' Y_n + 2 K'^2 X_{mn}'' Y_n'' + K^2 X_{mn} Y_n''''$$

Der Ausdruck in der Klammer unter dem Integralzeichen ist eine bekannte Funktion, die nach Einsetzen der durch Formel (5) gegebenen Funktionen und ihrer zweiten und vierten Ableitung leicht berechnet werden kann. Somit kann man das bestimmte Integral der linken Seite von (14) entwickeln, mit Rücksicht besonders auf die Beziehungen:

$$\int_0^a \mathrm{Sin}\, \frac{m\,\pi}{a}\, x\, dx = \frac{a}{m\,\pi}\left\{1 - (-1)^m\right\}$$

$$\int_0^a \frac{x}{a}\, \mathrm{Sin}\, \frac{m\,\pi}{a}\, x\, dx = -\,\frac{a\,(-1)^m}{m\,\pi}$$

$$\int_0^a \frac{x^2}{a^2}\, \mathrm{Sin}\, \frac{m\,\pi}{a}\, x\, dx = a\left\{\frac{2\,(-1)^m}{m^3\,\pi^3} - \frac{2}{m^3\,\pi^3} - \frac{(-1)^m}{m\,\pi}\right\}$$

$$\int_0^a \frac{x^3}{a^3}\, \mathrm{Sin}\, \frac{m\,\pi}{a}\, x\, dx = a\left\{\frac{6\,(-1)^m}{m^3\,\pi^3} - \frac{(-1)^m}{m\,\pi}\right\}$$

$$\int_0^a \mathrm{Sin}\, \frac{m\,\pi}{a}\, x\, \mathrm{Sin}\, \frac{r\,\pi}{a}\, x\, dx = \frac{a\,\mathrm{Sin}\,(m-r)\,\pi}{2\,(m-r)\,\pi}$$

$$= \frac{a}{2}, \quad \text{wenn} \quad m = r,$$

$$= 0 \quad \text{wenn} \quad m \neq r.$$

Das Ergebnis ist wie folgt:

$$A_{mn} + \frac{4}{m^2\,\pi^2}\left\{(-1)^m \sum_r C_{rn} A_{rn} - \sum_r C'_{rn} A_{rn}\right\}$$

$$+ \frac{4}{n^2\,\pi^2}\left\{(-1)^n \sum_s D_s A_{ms} - \sum_s D'_s A_{ms}\right\} + \frac{16\,\varDelta_{mn}}{m^2\,n^2\,\pi^4}$$

$$- \frac{1}{\varrho_{mn}}\left[4\,m^2\,\pi^2\left\{(-1)^m A_n - A'_n\right\} + \frac{2\,K^2\,\alpha_n^4}{3}\right.$$

$$\left. \times \left\{(-1)^m \sum_r C''_{rn} A_{rn} - 3 \sum_r C'''_{rn} A_{rn}\right\}\right]$$

$$- \frac{4\,K^2\,a^4\,n^2\,\pi^2}{b^4\,\varrho_{mn}}\left\{(-1)^n B_m - B'_m\right\} = \frac{a^4\,m\,n\,\pi^2\,R_{mn}}{b^4\,\varrho_{mn}}. \qquad (15\,\mathrm{a})$$

---

von m und n in $\mathrm{Sin}\, \dfrac{m\,\pi}{a}\, x\, \mathrm{Sin}\, \dfrac{n\,\pi}{b}\, y$ zu unterscheiden, und um auch eine Verwirrung in der Rechnung zu vermeiden, setzen wir in dem ersten Ausdruck r bzw. s an die Stelle von m bzw. n.

Hierin bedeuten

$$\varrho_{mn} = \pi^4 \left(m^4 + \frac{2\,K'^2\,a^2\,m^2\,n^2}{b^2} + \frac{K^2\,a^4\,n^4}{b^4} \right)$$

$$= (m^2\pi^2 + \lambda^2\alpha_n^2)\,(m^2\pi^2 + \lambda'^2\alpha_n^2)$$

$$\text{worin} \quad \begin{cases} \lambda^2 = K'^2 + \sqrt{K'^4 - K^2} \\ \lambda'^2 = K'^2 - \sqrt{K'^4 - K^2} \end{cases} \quad \alpha_n = \frac{a}{b}\,n\pi$$

$$A_n = \frac{4}{n^2\pi^2} \sum_r \sum_s{}' C_{rs}\{(-1)^n D_s - D'_s\} A_{rs} + \sum_r C_{rn} A_{rn}$$

$$A'_n = \frac{4}{n^2\pi^2} \sum_r \sum_s{}' C'_{rs}\{(-1)^n D_s - D'_s\} A_{rs} + \sum_r C'_{rn} A_{rn}$$

$$B_m = \frac{4}{m^2\pi^2} \sum_r \sum_s D_s \{(-1)^m C_{rs} - C'_{rs}\} A_{rs} + \sum_s D_s A_{ms}$$

$$B'_m = \frac{4}{m^2\pi^2} \sum_r \sum_s D'_s \{(-1)^m C_{rs} - C'_{rs}\} A_{rs} + \sum_s D'_s A_{ms}$$

$$\varDelta_{mn} = \sum_r \sum_s \{(-1)^m C_{rs} - C'_{rs}\}\{(-1)^n D_s - D'_s\} A_{rs}.$$

$$\text{(15 b)}$$

Die Formel (15a) ist die gesuchte Grundgleichung für den unbestimmten Beiwert A_{mn}, mit dem die vorausgesetzte Gl. (4) der Differentialgleichung (1a) genügt. Wenn die Grenzbedingungen für eine Platte, dementsprechend die Werte von C_{mn}, $C'_{mn} \dots D_n$ und D'_n, und gleichzeitig die Belastung, nämlich die Werte von R_{mn}, gegeben werden, können wir die numerischen Werte von A_{mn}, die den verschiedenen Größen von m bzw. n entsprechen, berechnen. Die Methode dieser Lösung wird später angegeben.

Die Gleichung des Beiwerts A_{mn} kann auch mit Hilfe des Ritzschen Verfahrens ermittelt werden, das auf der Tatsache beruht, daß in einer stabilen Gleichgewichtslage die potentielle Energie der äußeren Lasten und der elastischen Spannkräfte ein Minimum sein muß. Bezeichnet man mit ω_i bzw. ω_a die innere bzw. äußere Arbeit einer elastisch verbogenen Platte, so gelten:

$$\omega_i = \frac{N_x}{2} \int_0^a \int_0^b \left[\left(\frac{\partial^2\zeta}{\partial x^2}\right)^2 + 2\,K'^2 \frac{\partial^2\zeta}{\partial x^2}\cdot\frac{\partial^2\zeta}{\partial y^2} \right.$$

$$\left. + K^2\left(\frac{\partial^2\zeta}{\partial y^2}\right)^2 - \frac{4\,C}{N_x}\left\{\frac{\partial^2\zeta}{\partial x^2}\cdot\frac{\partial^2\zeta}{\partial y^2} - \left(\frac{\partial^2\zeta}{\partial x\,\partial y}\right)^2\right\} \right] dx\,dy$$

$$\omega_a = \frac{1}{2} \int_0^a \int_0^b p_{xy}\,\zeta\,dx\,dy = \frac{p}{2} \int_0^a \int_0^b f(x,y)\,\zeta\,dx\,dy$$

$$\omega_i = \omega_a.$$

$$\text{(16)}$$

Wenn man die Funktion (4), d. h.

$$\zeta = \frac{p\,b^4}{N_x} \sum_m \sum_n A_{mn} X_{mn} Y_n$$

in die vorstehenden Ausdrücke von ω_i und ω_a einsetzt und die Integration nach x und y ausführt, wird ω_i bzw. ω_a als quadratischer bzw. linearer Ausdruck in den Beiwerten A_{mn} dargestellt; hierdurch ergibt das Minimumprinzip der Formänderungsarbeit die Bedingung[1]

$$\frac{\partial \omega_i}{\partial A_{mn}} = 2\,\frac{\partial \omega_a}{\partial A_{mn}} \tag{17a}$$

oder

$$b^4\,\frac{\partial}{\partial A_{mn}} \int\limits_0^a \int\limits_0^b \Bigg[\frac{1}{2}\,(\textstyle\sum\sum A_{mn} X''_{mn} Y_n)^2 + K'^2 \sum\sum A_{mn} X''_{mn} Y_n$$

$$\times \textstyle\sum\sum A_{mn} X_{mn} Y''_n + \frac{K^2}{2}\,(\sum\sum A_{mn} X_{mn} Y''_n)^2$$

$$-\,\frac{2\,C}{N_x} \Big\{ \textstyle\sum\sum A_{mn} X''_{mn} Y_n \sum\sum A_{mn} X_{mn} Y''_n$$

$$-\,(\textstyle\sum\sum A_{mn} X'_{mn} Y'_n)^2 \Big\} \Bigg]\,dx\,dy$$

$$= \frac{\partial}{\partial A_{mn}} \int\limits_0^a \int\limits_0^b f(x,\,y)\,\textstyle\sum\sum A_{mn} X_{mn} Y_n\,dx\,dy\,. \tag{17b}$$

Hierin ist

$$(\sum_m \sum_n A_{mn} X''_{mn} Y_n)^2 = (A_{mn} X''_{mn} Y_n + \sum_{r=1}^{\infty-m} \sum_{s=1}^{\infty-n} A_{rs} X''_{rs} Y_s)^2$$

$$= A_{mn}^2 X''^2_{mn} Y_n^2 + 2\,A_{mn} X''_{mn} Y_n \sum_{r=1}^{\infty-m} \sum_{s=1}^{\infty-n} A_{rs} X''_{rs} Y_s$$

$$+ (\sum_{r=1}^{\infty-m} \sum_{s=1}^{\infty-n} A_{rs} X''_{rs} Y_s)^2\,.$$

Da das letzte Glied in der obigen Gleichung kein m bzw. n enthält, lautet ihre erste Ableitung nach A_{mn} wie folgt:

$$\frac{\partial}{\partial A_{mn}}\,(\sum_m \sum_n A_{mn} X''_{mn} Y_n)^2$$

$$= 2\,A_{mn} X''^2_{mn} Y_n^2 + 2\,X''_{mn} Y_n\,(\sum_{r=1}^{\infty} \sum_{s=1}^{\infty} A_{rs} X''_{rs} Y_s - A_{mn} X''_{mn} Y_n)$$

$$= 2 \sum_{r=1}^{\infty} \sum_{s=1}^{\infty} A_{rs} X''_{mn} X''_{rs} Y_n Y_s\,.$$

Andere Glieder auf der linken Seite von (17b) können auch in die analogen Ausdrücke umgeformt werden, und die Gl. (17b) geht daher

---

[1] Lorenz, H.: Technische Elastizitätslehre, S. 401.

in eine Form wie folgt über:

$$b^4 \sum_r \sum_s A_{rs} \int_0^a \int_0^b \{X''_{mn} X''_{rs} Y_n Y_s + K'^2 (X''_{mn} X_{rs} Y_n Y''_s + X_{mn} X''_{rs} Y''_n X_s)$$

$$+ K^2 X_{mn} X_{rs} Y''_n Y''_s$$

$$- \frac{2C}{N_x} (X''_{mn} X_{rs} Y_n Y''_s + X_{mn} X''_{rs} Y''_n Y_s - 2 X'_{mn} X'_{rs} Y'_n Y'_s)\} \, dx \, dy$$

$$= \int_0^a \int_0^b f(x, y) X_{mn} Y_n \, dx \, dy \, . \tag{18}$$

Nach partieller Integration ergibt sich das Teilintegral in der vorangehenden Gleichung

$$\int_0^a \int_0^b X''_{mn} X_{rs} Y_n Y''_s \, dx \, dy = \int_0^a X''_{mn} X_{rs} \, dx \int_0^b Y_n Y''_s \, dy$$

$$= (X_{rs} X'_{mn} - \int X'_{rs} X'_{mn} \, dx)_0^a \cdot (Y_n Y'_s - \int Y'_n Y'_s \, dy)_0^b.$$

Bei der rechteckigen Platte, deren vier Seiten auf unnachgiebige feste Körper gestützt werden, tritt keine Durchbiegung auf den Seiten auf.

Somit ist

$$(X_{rs})_0 = (X_{rs})_a = 0, \qquad (Y_n)_0 = (Y_n)_b = 0,$$

daher

$$\int_0^a \int_0^b X''_{mn} X_{rs} Y_n Y''_s \, dx \, dy = \int_0^a \int_0^b X'_{mn} X'_{rs} Y'_n Y'_s \, dx \, dy,$$

analog

$$\int_0^a \int_0^b X_{mn} X''_{rs} Y''_n Y_s \, dx \, dy = \int_0^a \int_0^b X'_{mn} X'_{rs} Y'_n Y'_s \, dx \, dy,$$

und daher verschwindet das mit dem Koeffizienten $\frac{2C}{N_x}$ behaftete Teilintegral in der Gl. (18)[1].

Hiermit geht sie in

$$b^4 \sum_r \sum_s A_{rs} \int_0^a \int_0^b \{X''_{mn} X''_{rs} Y_n Y_s + K'^2 (X''_{mn} X_{rs} Y_n Y''_s + X_{mn} X''_{rs} Y''_n Y_s)$$

$$+ K^2 X_{mn} X_{rs} Y''_n Y''_s\} \, dx \, dy = \int_0^a \int_0^b f(x, y) X_{mn} Y_n \, dx \, dy \tag{19}$$

über.

---

[1] Das Verschwinden des Teilintegrals

$$\int_0^a \int_0^b (X''_{mn} X_{rs} Y_n Y''_s + X_{mn} X''_{rs} Y''_n Y_s - 2 X'_{mn} X'_{rs} Y'_n Y'_s) \, dx \, dy$$

ist ganz analog der Beziehung $-\frac{\partial}{\partial A_{mn}} \int_0^a \int_0^b \left\{ \frac{\partial^2 \zeta}{\partial x^2} \cdot \frac{\partial^2 \zeta}{\partial y^2} - \left(\frac{\partial^2 \zeta}{\partial x \, \partial y} \right)^2 \right\} dx \, dy = 0.$

Einige ähnliche Bemerkungen sind schon von W. Ritz und A. Stodola gemacht. (Siehe Schweiz. Bauztg. S. 251. Zürich 1914.)

Aus der Verschiedenheit der äußeren Formen der Gl. (14) und (18) erkennt man, daß nicht jedes durch (14) ausgerechnete Glied mit solchem durch (18) ausgerechneten Glied, welches in manchen Fällen komplizierter als das erste ist, übereinstimmt. Aber man kann durch entsprechende Rechnung beweisen, daß die beiden Formeln schließlich dasselbe Resultat, nämlich die Gl. (15a), ergeben werden. Obwohl das Ritzsche Verfahren nur eine Näherungslösung der Plattengleichung gibt, vorausgesetzt, daß die Gleichung für ζ aus einigen begrenzten Gliedern besteht, kann es aber der Plattengleichung vollkommen genügen, wenn man eine Doppelreihe mit unendlichen Gliedern wie (4) als die Gleichung für ζ vorausnimmt. Das hat W. Ritz schon bemerkt.

Die Tatsache, daß beide Formeln (14) und (18), trotz der Verschiedenheit ihrer Formen, ein und dieselbe Gleichung für den Beiwert A_{mn} ergeben, beruht offenbar darauf, daß sowohl die Plattengleichung (1a) als auch das Minimumprinzip der Formänderungsarbeit eine und dieselbe mechanische Bedeutung, d. h. die Gleichgewichtsbedingung der Platte darstellen; in der Tat kann man die Plattengleichung mit Hilfe des Minimumprinzips ableiten[1].

Als Beispiel für die Anwendung der Formel (19) sei die Bestimmung des Beiwerts A_{mn} für eine frei aufgestützte Platte gewählt. Da alle C und D nach (6) gleich Null sind, erhält man

$$X_{mn} = X_m = \frac{1}{m\,\pi}\operatorname{Sin}\frac{m\,\pi}{a}\,x, \qquad Y_n = \frac{1}{n\,\pi}\operatorname{Sin}\frac{n\,\pi}{b}\,y,$$

$$X''_m = -\frac{m\,\pi}{a^2}\operatorname{Sin}\frac{m\,\pi}{a}\,x, \qquad Y''_n = -\frac{n\,\pi}{b^2}\operatorname{Sin}\frac{n\,\pi}{b}\,y\,;$$

somit lautet die linke Seite der Formel (19) wie folgt:

$$\sum_r \sum_s A_{rs} \int_0^a \int_0^b \left\{ \frac{b^4\,m\,r}{a^4\,n\,s} + \frac{K'^2\,b^2}{a^2}\left(\frac{m\,s}{r\,n} + \frac{r\,n}{m\,s}\right) + \frac{K^2\,n\,s}{m\,r} \right\}$$

$$\times \operatorname{Sin}\frac{m\,\pi}{a}\,x\,\operatorname{Sin}\frac{r\,\pi}{a}\,x\,\operatorname{Sin}\frac{n\,\pi}{b}\,y\,\operatorname{Sin}\frac{s\,\pi}{b}\,y\,dx\,dy$$

$$= \frac{b^4}{a^4}\sum_r \sum_s \frac{A_{rs}}{m\,r\,n\,s}\left\{ m^2\,r^2 + \frac{K'^2\,a^2}{b^2}(m^2\,s^2 + r^2\,n^2) + \frac{K^2\,a^4\,n^2\,s^2}{b^4} \right\}$$

$$\times \frac{a\,b}{4}\cdot\frac{\operatorname{Sin}(m-r)\,\pi}{(m-r)\,\pi}\cdot\frac{\operatorname{Sin}(n-s)\,\pi}{(n-s)\,\pi},$$

wobei

$$\frac{\operatorname{Sin}(m-r)\,\pi}{(m-r)\,\pi} = 0, \quad \text{für} \quad m \neq r,$$

$$= 1, \quad \text{für} \quad m = r,$$

---

[1] Föppl, L.: Drang und Zwang Bd. 1 S. 133. Kirchhoff, G.: Vorlesungen über Mechanik, S. 459.

und

$$\frac{\mathrm{Sin}\,(n-s)\,\pi}{(n-s)\,\pi} = 0, \quad \text{für} \quad n \neq s,$$
$$= 1, \quad \text{für} \quad n = s.$$

Also wird

$$\frac{b^4}{a^4} \cdot \frac{a\,b}{4} \cdot \frac{A_{mn}}{m^2\,n^2} \left(m^4 + \frac{2\,K'^2\,a^2\,m^2\,n^2}{b^2} + \frac{K^2\,a^4\,n^4}{b^4} \right)$$

$$= \frac{1}{m\,n\,\pi^2} \int\limits_0^a \int\limits_0^b f(x,\,y)\,\mathrm{Sin}\,\frac{m\,\pi}{a}\,x\,\mathrm{Sin}\,\frac{n\,\pi}{b}\,y\,dx\,dy = \frac{a\,b\,R_{mn}}{4\,m\,n\,\pi^2}.$$

Woraus folgt:

$$A_{mn} = \frac{a^4}{b^4} \cdot \frac{m\,n\,\pi^2\,R_{mn}}{\pi^4\left(m^4 + \dfrac{2\,K'^2\,a^2\,m^2\,n^2}{b^2} + \dfrac{K^2\,a^4\,n^4}{b^4} \right)} = \frac{a^4\,m\,n\,\pi^2\,R_{mn}}{b^4\,\varrho_{mn}}.$$

Dieser Ausdruck für A_{mn} ist nichts anderes als der, den man unmittelbar aus der allgemeinen Gl. (15a) erhält, wenn man nur die Werte von allen C und D gleich Null setzt. Durch ein ähnliches Verfahren hat Navier schon im Jahre 1821, kurz nachdem die Grundgleichung für die elastische Platte gefunden worden war, die Formel für die Durchbiegung der partiell gleichmäßig belasteten isotropen Platte abgeleitet[1]. Auf Grund des Vorstehenden kann man das Verfahren des Verfassers als eine Erweiterung des Navierschen oder Ritzschen Verfahrens auffassen.

§ 4. Die Entwicklung der Belastungsfunktion.

Vorausgesetzt, daß die Belastungsfunktion $f(x,\,y)$ in eine Fouriersche Reihe

$$f(x,\,y) = \sum_m \sum_n R_{mn}\,\mathrm{Sin}\,\frac{m\,\pi}{a}\,x\,\mathrm{Sin}\,\frac{n\,\pi}{b}\,y$$

entwickelt wird, kann man die den verschiedenen Formen von $f(x,\,y)$ entsprechenden Werte von R_{mn} durch die zweite Gleichung in (14) berechnen.

Die Belastung einer rechteckigen Platte, der wir oft in unseren Baukonstruktionen begegnen, ist in den meisten Fällen ein Spezialfall von einer partiell verteilten Belastung, wie sie die Abb. 3 zeigt.

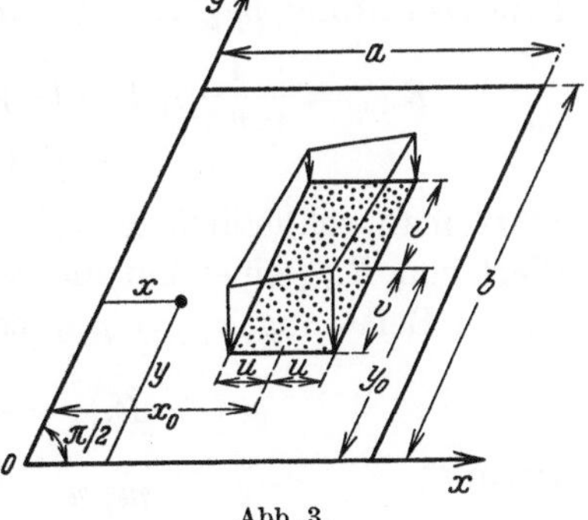

Abb. 3.

---

[1] Nádai, A.: Elastische Platte, S. 119.

Ist die Belastung p_{xy} in einem Bereich

$$x_0 - u \leqq x \leqq x_0 + u, \qquad y_0 - v \leqq y \leqq y_0 + v$$

durch einen linearen algebraischen Ausdruck

$$p_{xy} = p\,f(x,y) = p\left(1 + \alpha\,\frac{x}{a} + \beta\,\frac{y}{b}\right)$$

gegeben, so erhält man

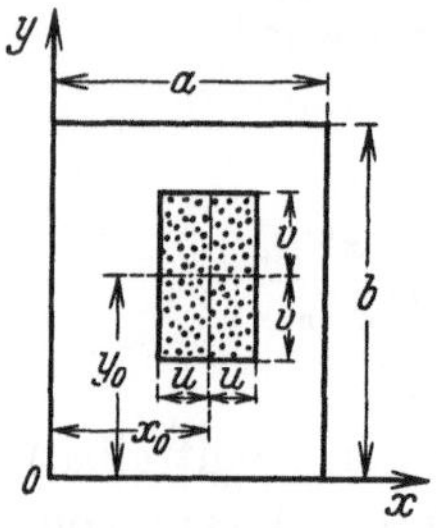

$$
\begin{aligned}
R_{mn} = \frac{16}{mn\pi^2}\Bigg\{ &\left(1 + \alpha\,\frac{x_0}{a} + \beta\,\frac{y_0}{b}\right) \operatorname{Sin}\frac{m\pi}{a}x_0 \operatorname{Sin}\frac{m\pi}{a}u \operatorname{Sin}\frac{n\pi}{b}y_0 \operatorname{Sin}\frac{n\pi}{b}v \\
&- \frac{\alpha u}{a}\operatorname{Cos}\frac{m\pi}{a}x_0 \operatorname{Cos}\frac{m\pi}{a}u \operatorname{Sin}\frac{n\pi}{b}y_0 \operatorname{Sin}\frac{n\pi}{b}v \\
&- \frac{\beta v}{b}\operatorname{Sin}\frac{m\pi}{a}x_0 \operatorname{Sin}\frac{m\pi}{a}u \operatorname{Cos}\frac{n\pi}{b}y_0 \operatorname{Cos}\frac{n\pi}{b}v \\
&+ \frac{\alpha}{m\pi}\operatorname{Cos}\frac{m\pi}{a}x_0 \operatorname{Sin}\frac{m\pi}{a}u \operatorname{Sin}\frac{n\pi}{b}y_0 \operatorname{Sin}\frac{n\pi}{b}v \\
&+ \frac{\beta}{n\pi}\operatorname{Sin}\frac{m\pi}{a}x_0 \operatorname{Sin}\frac{m\pi}{a}u \operatorname{Cos}\frac{n\pi}{b}y_0 \operatorname{Sin}\frac{n\pi}{b}v\Bigg\},
\end{aligned}
\tag{20}
$$

worin

$$m, n = 1,\ 2,\ 3,\ 4 \ldots \infty.$$

Abb. 4.

Für eine partiell gleichmäßig verteilte Belastung, wie Abb. 4, ist

$$\alpha = 0 \quad \text{und} \quad \beta = 0$$

$$R_{mn} = \frac{16}{mn\pi^2}\operatorname{Sin}\frac{m\pi}{a}x_0 \operatorname{Sin}\frac{m\pi}{a}u \operatorname{Sin}\frac{n\pi}{b}y_0 \operatorname{Sin}\frac{n\pi}{b}v. \tag{21}$$

Dieser Wert von R_{mn} ist praktisch auch für eine Einzellast gültig, vorausgesetzt, daß die Last auf eine kleine Fläche $4uv$ oder $4u^2 (= 4v^2)$ gleichmäßig verteilt ist.

Für eine auf die ganze Fläche der Platte verteilte hydrostatische Druckbelastung $p_{xy} = p\left(1 + \alpha\,\frac{x}{a} + \beta\,\frac{y}{b}\right)$ ist

$$
\begin{aligned}
R_{mn} = \frac{4}{mn\pi^2}\big[&\{1 - (-1)^m\}\{1 - (-1)^n\} - \alpha\,(-1)^m\{1 - (-1)^n\} \\
&- \beta\{1 - (-1)^m\}\,(-1)^n\big].
\end{aligned}
\tag{22}
$$

Setzt man schließlich $\alpha = \beta = 0$ in obige Formel, so entspricht der Wert von R_{mn} einer auf die ganze Fläche der Platte gleichmäßig verteilten Belastung $p_{xy} = p = \text{const.}$ Hierbei wird

$$
\left.
\begin{aligned}
R_{mn} &= \frac{16}{mn\pi^2} \\
m, n &= 1,\ 3,\ 5,\ 7 \ldots \infty.
\end{aligned}
\right\}
\tag{23}
$$

worin

§ 5. Wichtige mathematische Formeln.

Um die nachstehenden Rechnungen bequemer durchzuführen und die Formeln möglichst einfach darzustellen, hat der Verfasser folgende wichtigen Formeln bezüglich der Summierungen der Fourierschen Reihen ermittelt[1]:

$$\sum_m \frac{m^3 \pi^3}{\varrho_{m\,n}} \operatorname{Sin} \frac{m\pi}{a} x = \sum_m \frac{m^3 \pi^3 \operatorname{Sin} \frac{m\pi}{a} x}{(m^2 \pi^2 + \lambda^2 \alpha_n^2)(m^2 \pi^2 + \lambda'^2 \alpha_n^2)}$$

$$= \frac{H_{n\,\xi}^{(3)}}{4}, \qquad\qquad 0 < \frac{x}{a} < 2$$

$$m = 1,\ 2,\ 3,\ 4 \ldots \infty$$

$$\sum_m \frac{m^2 \pi^2}{\varrho_{m\,n}} \operatorname{Cos} \frac{m\pi}{a} x = \frac{H_{n\,\xi}^{(2)}}{4\,\alpha_n} \qquad\qquad 0 \leqq \frac{x}{a} \leqq 2$$

$$\sum_m \frac{m\pi}{\varrho_{m\,n}} \operatorname{Sin} \frac{m\pi}{a} x = \frac{H_{n\,\xi}^{(1)}}{4\,\alpha_n^2} \qquad\qquad 0 \leqq \frac{x}{a} \leqq 2$$

$$\sum_m \frac{1}{\varrho_{m\,n}} \operatorname{Cos} \frac{m\pi}{a} x = \frac{1}{4\,\alpha_n^3}\left(H_{n\,\xi}^{(0)} - \frac{2}{K^2 \alpha_n}\right) \qquad 0 \leqq \frac{x}{a} \leqq 2 \qquad (24)$$

$$\sum_m \frac{1}{m\pi\,\varrho_{m\,n}} \operatorname{Sin} \frac{m\pi}{a} x = \frac{1}{4\,\alpha_n^4}\left\{H_{n\,\xi}^{(-1)} + \frac{2}{K^2}\left(1 - \frac{x}{a}\right)\right\} \quad 0 \leqq \frac{x}{a} \leqq 2$$

$$\sum_m \frac{1}{m^2 \pi^2\,\varrho_{m\,n}} \operatorname{Cos} \frac{m\pi}{a} x$$

$$= \frac{1}{4\,\alpha_n^5}\left\{H_{n\,\xi}^{(-2)} + \frac{\alpha_n}{K^2}\left(\frac{x^2}{a^2} - \frac{2x}{a} + \frac{2}{3}\right) + \frac{4K'^2}{K^4 \alpha_n}\right\} \qquad 0 \leqq \frac{x}{a} \leqq 2$$

$$\sum_m \frac{1}{m^3 \pi^3\,\varrho_{m\,n}} \operatorname{Sin} \frac{m\pi}{a} x$$

$$= \frac{1}{4\,\alpha_n^6}\left\{H_{n\,\xi}^{(-3)} + \frac{\alpha_n^2}{K^2}\left(\frac{x^3}{3a^3} - \frac{x^2}{a^2} + \frac{2x}{3a}\right) - \frac{4K'^2}{K^4}\left(1 - \frac{x}{a}\right)\right\} \quad 0 \leqq \frac{x}{\alpha} \leqq 2;$$

---

[1] Auf S. 157 in „Die Integralgleichungen und ihre Anwendungen in der mathematischen Physik" von A. Kneser findet man eine Formel bezüglich der Entwicklung von $\mathfrak{Cof}\,\omega\,\theta$ wie folgt:

$$\sum \frac{\operatorname{Cos} m\,(\pi - \theta)}{m^2 + \omega^2} = - \frac{1}{2\,\omega^2} + \frac{\pi\,\mathfrak{Cof}\,\omega\,\theta}{2\,\omega\,\mathfrak{Sin}\,\omega\,\pi}, \qquad -\pi \leqq \theta \leqq \pi.$$

$$m = 1, 2, 3, 4 \ldots \infty.$$

Das Einsetzen von $\dfrac{\pi x}{a}$ bzw. $\dfrac{\lambda\,\alpha_n}{\pi}$ an Stelle von $\pi - \theta$ bzw. ω in die obige Gleichung ergibt:

$$\sum_m \frac{\operatorname{Cos} \frac{m\pi}{a} x}{m^2 \pi^2 + \lambda^2 \alpha_n^2} = \frac{1}{2\,\alpha_n}\left\{\frac{\mathfrak{Cof}\,\lambda\,\alpha_n \left(1 - \frac{x}{a}\right)}{\lambda\,\mathfrak{Sin}\,\lambda\,\alpha_n} - \frac{1}{\lambda^2\,\alpha_n}\right\}, \quad -1 \leqq \frac{x}{a} \leqq 1.$$

Daraus und aus der Beziehung

$$\sum_m \frac{\operatorname{Cos} \frac{m\pi}{a} x}{\varrho_{m\,n}} = - \frac{1}{\alpha_n^2\,(\lambda'^2 - \lambda^2)} \sum_m \left\{- \frac{1}{m^2 \pi^2 + \lambda^2 \alpha_n^2} + \frac{1}{m^2 \pi^2 + \lambda'^2 \alpha_n^2}\right\} \operatorname{Cos} \frac{m\pi}{a} x$$

erhält man die vierte Formel von (24). Analog kann man die anderen ableiten.

hierin bedeuten [siehe (15b)]

$$\lambda^2 = K'^2 + \sqrt{K'^4 - K^2}, \qquad \lambda'^2 = K'^2 - \sqrt{K'^4 - K^2},$$
$$K^2 = \lambda^2 \lambda'^2 \qquad \text{und} \qquad 2K'^2 = \lambda^2 + \lambda'^2.$$

In obigen Formeln bedeutet jedes $H_{n\xi}$ die folgende Hyperbelfunktion mit einer Veränderlichen $\xi\left(= \dfrac{x}{a}\right)$:

$$
\left.
\begin{aligned}
H_{n\xi}^{(3)} &= -\frac{1}{\lambda'^2 - \lambda^2}\left\{\frac{\lambda^2 \operatorname{Sin}\lambda\,\alpha_n(1-\xi)}{\operatorname{Sin}\lambda\,\alpha_n} - \frac{\lambda'^2 \operatorname{Sin}\lambda'\,\alpha_n(1-\xi)}{\operatorname{Sin}\lambda'\,\alpha_n}\right\} \\[4pt]
H_{n\xi}^{(2)} &= -\frac{1}{\lambda'^2 - \lambda^2}\left\{\frac{\lambda \operatorname{Cof}\lambda\,\alpha_n(1-\xi)}{\operatorname{Sin}\lambda\,\alpha_n} - \frac{\lambda' \operatorname{Cof}\lambda'\,\alpha_n(1-\xi)}{\operatorname{Sin}\lambda'\,\alpha_n}\right\} \\[4pt]
H_{n\xi}^{(1)} &= \frac{1}{\lambda'^2 - \lambda^2}\left\{\frac{\operatorname{Sin}\lambda\,\alpha_n(1-\xi)}{\operatorname{Sin}\lambda\,\alpha_n} - \frac{\operatorname{Sin}\lambda'\,\alpha_n(1-\xi)}{\operatorname{Sin}\lambda'\,\alpha_n}\right\} \\[4pt]
H_{n\xi}^{(0)} &= \frac{1}{\lambda'^2 - \lambda^2}\left\{\frac{\operatorname{Cof}\lambda\,\alpha_n(1-\xi)}{\lambda \operatorname{Sin}\lambda\,\alpha_n} - \frac{\operatorname{Cof}\lambda'\,\alpha_n(1-\xi)}{\lambda' \operatorname{Sin}\lambda'\,\alpha_n}\right\} \\[4pt]
H_{n\xi}^{(-1)} &= -\frac{1}{\lambda'^2 - \lambda^2}\left\{\frac{\operatorname{Sin}\lambda\,\alpha_n(1-\xi)}{\lambda^2 \operatorname{Sin}\lambda\,\alpha_n} - \frac{\operatorname{Sin}\lambda'\,\alpha_n(1-\xi)}{\lambda'^2 \operatorname{Sin}\lambda'\,\alpha_n}\right\} \\[4pt]
H_{n\xi}^{(-2)} &= -\frac{1}{\lambda'^2 - \lambda^2}\left\{\frac{\operatorname{Cof}\lambda\,\alpha_n(1-\xi)}{\lambda^3 \operatorname{Sin}\lambda\,\alpha_n} - \frac{\operatorname{Cof}\lambda'\,\alpha_n(1-\xi)}{\lambda'^3 \operatorname{Sin}\lambda'\,\alpha_n}\right\} \\[4pt]
H_{n\xi}^{(-3)} &= \frac{1}{\lambda'^2 - \lambda^2}\left\{\frac{\operatorname{Sin}\lambda\,\alpha_n(1-\xi)}{\lambda^4 \operatorname{Sin}\lambda\,\alpha_n} - \frac{\operatorname{Sin}\lambda'\,\alpha_n(1-\xi)}{\lambda'^4 \operatorname{Sin}\lambda'\,\alpha_n}\right\}
\end{aligned}
\right\}
\tag{25}
$$

Setzt man $1 - \dfrac{x}{a}$ an Stelle von $\dfrac{x}{a}$ in (24) ein, so lauten mit Rücksicht auf die Beziehungen

$$\operatorname{Sin} m\pi\left(1 - \frac{x}{a}\right) = -(-1)^m \operatorname{Sin}\frac{m\pi}{a}x$$

und

$$\operatorname{Cos} m\pi\left(1 - \frac{x}{a}\right) = +(-1)^m \operatorname{Cos}\frac{m\pi}{a}x$$

$$
\left.
\begin{aligned}
\sum_m \frac{m^3\pi^3}{\varrho_{mn}}(-1)^m \operatorname{Sin}\frac{m\pi}{a}x &= -\frac{G_{n\xi}^{(3)}}{4} && -1 < \frac{x}{a} < 1 \\[4pt]
\sum_m \frac{m^2\pi^2}{\varrho_{mn}}(-1)^m \operatorname{Cos}\frac{m\pi}{a}x &= \frac{G_{n\xi}^{(2)}}{4\alpha_n} && -1 \leqq \frac{x}{a} \leqq 1 \\[4pt]
\sum_m \frac{m\pi}{\varrho_{mn}}(-1)^m \operatorname{Sin}\frac{m\pi}{a}x &= -\frac{G_{n\xi}^{(1)}}{4\alpha_n^2} && -1 \leqq \frac{x}{a} \leqq 1 \\[4pt]
\sum_m \frac{(-1)^m}{\varrho_{mn}}\operatorname{Cos}\frac{m\pi}{a}x &= \frac{1}{4\alpha_n^3}\left(G_{n\xi}^{(0)} - \frac{2}{K^2\alpha_n}\right) && -1 \leqq \frac{x}{a} \leqq 1 \\[4pt]
\sum_m \frac{(-1)^m}{m\pi\varrho_{mn}}\operatorname{Sin}\frac{m\pi}{a}x &= -\frac{1}{4\alpha_n^4}\left(G_{n\xi}^{(-1)} + \frac{2x}{K^2 a}\right) && -1 \leqq \frac{x}{a} \leqq 1 \\[4pt]
\sum_m \frac{(-1)^m}{m^2\pi^2\varrho_{mn}}\operatorname{Cos}\frac{m\pi}{a}x &= \frac{1}{4\alpha_n^5}\left\{G_{n\xi}^{(-2)} + \frac{\alpha_n}{K^2}\left(\frac{x^2}{a^2} - \frac{1}{3}\right) + \frac{4K'^2}{K^4\alpha_n}\right\} && -1 \leqq \frac{x}{a} \leqq 1 \\[4pt]
\sum_m \frac{(-1)^m}{m^3\pi^3\varrho_{mn}}\operatorname{Sin}\frac{m\pi}{a}x &= -\frac{1}{4\alpha_n^6}\left\{G_{n\xi}^{(-3)} - \frac{\alpha_n^2}{K^2}\left(\frac{x^3}{3a^3} - \frac{x}{3a}\right) - \frac{4K'^2 x}{K^4 a}\right\} && -1 \leqq \frac{x}{a} \leqq 1.
\end{aligned}
\right\}
\tag{26}
$$

Der Wert von jedem $G_{n\xi}$ ist ersichtlich so gewählt, daß er durch Einsetzen des $1-\xi$ an Stelle von ξ in den entsprechenden Ausdruck für $H_{n\xi}$ in (25) ermittelt werden kann. Somit sind die Funktionen $H_{n\xi}^{(k)}$ und $G_{n\xi}^{(k)}$ für spezielle Werte von ξ wie folgt vergleichbar:

$$\left.\begin{aligned} H_{n0}^{(k)} &= G_{n1}^{(k)} \\ H_{n1/2}^{(k)} &= G_{n1/2}^{(k)} \\ H_{n1}^{(k)} &= G_{n0}^{(k)}. \end{aligned}\right\} \tag{27}$$

Jedes durch (25) dargestellte $H_{n\xi}$ ist naturgemäß für alle Werte von λ und λ' mathematisch gültig, aber es ist für den Gebrauch nicht geeignet in dem Falle, wo $K'^4 < K^2$ ist, weil die beiden Größen von λ und λ' hierbei komplex sind. Da man in solchem Falle, in dem nämlich K'^4 kleiner als K^2 ist,

$$\lambda^2 = K'^2 + i\,\sqrt{K^2 - K'^4}, \qquad \lambda'^2 = K'^2 - i\,\sqrt{K^2 - K'^4}$$

oder folglich

$$\left.\begin{aligned} \lambda &= K_1 + i\,K_2, & \lambda' &= K_1 - i\,K_2 \\ K_1 &= \sqrt{\tfrac{1}{2}(K + K'^2)}, & K_2 &= \sqrt{\tfrac{1}{2}(K - K'^2)} \end{aligned}\right\} \tag{28}$$

worin

setzen kann, wird jedes $H_{n\xi}$ nach weiteren Berechnungen durch folgende Gleichung dargestellt:

$$\left.\begin{aligned}
H_{n\xi}^{(3)} &= \left(\frac{K_1^2 - K_2^2}{K_1 K_2}\,P_{n\xi} - 2\,Q_{n\xi}\right) \div Z_n \\[4pt]
H_{n\xi}^{(2)} &= -\left(\frac{1}{K_2}\,U_{n\xi} - \frac{1}{K_1}\,V_{n\xi}\right) \div Z_n \\[4pt]
H_{n\xi}^{(1)} &= -P_{n\xi} \div K_1 K_2 Z_n \\[4pt]
H_{n\xi}^{(0)} &= \left(\frac{1}{K_2}\,U_{n\xi} + \frac{1}{K_1}\,V_{n\xi}\right) \div (K_1^2 + K_2^2)\,Z_n \\[4pt]
H_{n\xi}^{(-1)} &= \left(\frac{K_1^2 - K_2^2}{K_1 K_2}\,P_{n\xi} + 2\,Q_{n\xi}\right) \div (K_1^2 + K_2^2)^2\,Z_n \\[4pt]
H_{n\xi}^{(-2)} &= -\left(\frac{K_1^2 - 3K_2^2}{K_2}\,U_{n\xi} + \frac{3K_1^2 - K_2^2}{K_1}\,V_{n\xi}\right) \div (K_1^2 + K_2^2)^3\,Z_n \\[4pt]
H_{n\xi}^{(-3)} &= -\left[\left\{\frac{(K_1^2 - K_2^2)^2}{K_1 K_2} - 4\,K_1 K_2\right\} P_{n\xi} + 4\,(K_1^2 - K_2^2)\,Q_{n\xi}\right] \\
&\qquad\qquad\qquad\qquad\qquad\qquad \div (K_1^2 + K_2^2)^4\,Z_n.
\end{aligned}\right\} \tag{29a}$$

worin bedeuten

$$\left.\begin{aligned}
Z_n &= \mathfrak{Cof}\,2\,K_1\alpha_n - \mathrm{Cos}\,2\,K_2\alpha_n \\
&= 2\,(\mathfrak{Cof}\,K_1\alpha_n + \mathrm{Cos}\,K_2\alpha_n)(\mathfrak{Cof}\,K_1\alpha_n - \mathrm{Cos}\,K_2\alpha_n) \\
P_{n\xi} &= \mathfrak{Sin}\,K_1\alpha_n\,\xi\,\mathrm{Sin}\,K_2\alpha_n\,(2-\xi) - \mathfrak{Sin}\,K_1\alpha_n\,(2-\xi)\,\mathrm{Sin}\,K_2\alpha_n\,\xi \\
Q_{n\xi} &= \mathfrak{Cof}\,K_1\alpha_n\,\xi\,\mathrm{Cos}\,K_2\alpha_n\,(2-\xi) - \mathfrak{Cof}\,K_1\alpha_n\,(2-\xi)\,\mathrm{Cos}\,K_2\alpha_n\,\xi \\
U_{n\xi} &= \mathfrak{Cof}\,K_1\alpha_n\,\xi\,\mathrm{Sin}\,K_2\alpha_n\,(2-\xi) + \mathfrak{Cof}\,K_1\alpha_n\,(2-\xi)\,\mathrm{Sin}\,K_2\alpha_n\,\xi \\
V_{n\xi} &= \mathfrak{Sin}\,K_1\alpha_n\,\xi\,\mathrm{Cos}\,K_2\alpha_n\,(2-\xi) + \mathfrak{Sin}\,K_1\alpha_n\,(2-\xi)\,\mathrm{Cos}\,K_2\alpha_n\,\xi.
\end{aligned}\right\} \tag{29b}$$

Jedes $G_{n\xi}$ wird unmittelbar aus dem entsprechenden Ausdruck für $H_{n\xi}$ ermittelt, indem man $1-\xi$ an Stelle von ξ in die Funktionen $P_{n\xi}$, $Q_{n\xi}$, $U_{n\xi}$ und $V_{n\xi}$ setzt.

Schließlich in dem Falle, wo $K = K' = 1$, folglich $\lambda = \lambda' = 1$, $K_1 = 1$ und $K_2 = 0$, erhält man

$$
\left.
\begin{aligned}
H_{n\xi}^{(3)} &= \{2\,\operatorname{Sin}\alpha_n\,\operatorname{Sin}\alpha_n\,(1-\xi) - \alpha_n\,\xi\,\operatorname{Cof}\alpha_n\,\operatorname{Sin}\alpha_n\,(1-\xi) \\
&\qquad + \alpha_n\,(1-\xi)\,\operatorname{Sin}\alpha_n\,\xi\} \div \operatorname{Sin}^2\alpha_n \\[4pt]
H_{n\xi}^{(2)} &= \{\operatorname{Sin}\alpha_n\,\operatorname{Cof}\alpha_n\,(1-\xi) - \alpha_n\,\operatorname{Cof}\alpha_n\,\operatorname{Cof}\alpha_n\,(1-\xi) \\
&\qquad + \alpha_n\,(1-\xi)\,\operatorname{Sin}\alpha_n\,\operatorname{Sin}\alpha_n\,(1-\xi)\} \div \operatorname{Sin}^2\alpha_n \\[4pt]
H_{n\xi}^{(1)} &= \{\alpha_n\,\xi\,\operatorname{Cof}\alpha_n\,\operatorname{Sin}\alpha_n\,(1-\xi) - \alpha_n\,(1-\xi)\,\operatorname{Sin}\alpha_n\,\xi\} \div \operatorname{Sin}^2\alpha_n \\[4pt]
H_{n\xi}^{(0)} &= \{\operatorname{Sin}\alpha_n\,\operatorname{Cof}\alpha_n\,(1-\xi) + \alpha_n\,\operatorname{Cof}\alpha_n\,\operatorname{Cof}\alpha_n\,(1-\xi) \\
&\qquad - \alpha_n\,(1-\xi)\,\operatorname{Sin}\alpha_n\,\operatorname{Sin}\alpha_n\,(1-\xi)\} \div \operatorname{Sin}^2\alpha_n \\[4pt]
H_{n\xi}^{(-1)} &= \{-2\,\operatorname{Sin}\alpha_n\,\operatorname{Sin}\alpha_n\,(1-\xi) - \alpha_n\,\xi\,\operatorname{Cof}\alpha_n\,\operatorname{Sin}\alpha_n\,(1-\xi) \\
&\qquad + \alpha_n\,(1-\xi)\,\operatorname{Sin}\alpha_n\,\xi\} \div \operatorname{Sin}^2\alpha_n \\[4pt]
H_{n\xi}^{(-2)} &= \{-3\,\operatorname{Sin}\alpha_n\,\operatorname{Cof}\alpha_n\,(1-\xi) - \alpha_n\,\operatorname{Cof}\alpha_n\,\operatorname{Cof}\alpha_n\,(1-\xi) \\
&\qquad + \alpha_n\,(1-\xi)\,\operatorname{Sin}\alpha_n\,\operatorname{Sin}\alpha_n\,(1-\xi)\} \div \operatorname{Sin}^2\alpha_n \\[4pt]
H_{n\xi}^{(-3)} &= \{4\,\operatorname{Sin}\alpha_n\,\operatorname{Sin}\alpha_n\,(1-\xi) + \alpha_n\,\xi\,\operatorname{Cof}\alpha_n\,\operatorname{Sin}\alpha_n\,(1-\xi) \\
&\qquad - \alpha_n\,(1-\xi)\,\operatorname{Sin}\alpha_n\,\xi\} \div \operatorname{Sin}^2\alpha_n .
\end{aligned}
\right\} \quad (30)
$$

Ersichtlich wird jedes $G_{n\xi}$ unmittelbar aus dem entsprechenden Ausdruck für $H_{n\xi}$ in (30) ermittelt, indem man $1-\xi$ an Stelle von ξ setzt. Die Hyperbelfunktionen $H_{n\xi}$ und $G_{n\xi}$ für diesen speziellen Fall sind für die isotropen Platten brauchbar.

Ohne Rücksicht auf die Werte von K und K' existieren im allgemeinen die folgenden Beziehungen:

$$
\left.
\begin{aligned}
\frac{d}{dx} H_{n\xi}^{(k)} &= -\frac{\alpha_n\,(-1)^k}{a}\,H_{n\xi}^{(k+1)} \\[6pt]
\frac{d^2}{dx^2} H_{n\xi}^{(k)} &= -\frac{\alpha_n^2}{a^2}\,H_{n\xi}^{(k+2)} \\[6pt]
\frac{d^3}{dx^3} H_{n\xi}^{(k)} &= +\frac{\alpha_n^3\,(-1)^k}{a^3}\,H_{n\xi}^{(k+3)} .
\end{aligned}
\right\} \quad (31\,\text{a})
$$

$$
\left.
\begin{aligned}
\frac{d}{dx} G_{n\xi}^{(k)} &= +\frac{\alpha_n\,(-1)^k}{a}\,G_{n\xi}^{(k+1)} \\[6pt]
\frac{d^2}{dx^2} G_{n\xi}^{(k)} &= -\frac{\alpha_n^2}{a^2}\,G_{n\xi}^{(k+2)} \\[6pt]
\frac{d^3}{dx^3} G_{n\xi}^{(k)} &= -\frac{\alpha_n^3\,(-1)^k}{a^3}\,G_{n\xi}^{(k+3)} .
\end{aligned}
\right\} \quad (31\,\text{b})
$$

Z. B.

$$
\frac{d}{dx} H_{n\xi}^{(1)} = \frac{\alpha_n}{a}\,H_{n\xi}^{(2)}, \qquad
\frac{d^2}{dx^2} H_{n\xi}^{(-2)} = -\frac{\alpha_n^2}{a^2}\,H_{n\xi}^{(0)},
$$

$$
\frac{d}{dx} G_{n\xi}^{(0)} = \frac{\alpha_n}{a}\,G_{n\xi}^{(1)}, \qquad
\frac{d^3}{dx^3} G_{n\xi}^{(-3)} = \frac{\alpha_n^3}{a^3}\,G_{n\xi}^{(0)}, \text{ usw.}
$$

Aus den Beziehungen

$$\sum_m \frac{(m\,\pi)^k}{\varrho_{m\,n}} \frac{\mathrm{Sin}}{\mathrm{Cos}} \frac{m\,\pi}{a} x \mp \sum_m \frac{(m\,\pi)^k}{\varrho_{m\,n}} (-1)^m \frac{\mathrm{Sin}}{\mathrm{Cos}} \frac{m\,\pi}{a} x$$

$$= \sum_m \frac{1 \mp (-1)^m}{\varrho_{m\,n}} (m\,\pi)^k \frac{\mathrm{Sin}}{\mathrm{Cos}} \frac{m\,\pi}{a} x$$

$$= 0, \qquad\qquad \text{wenn} \begin{cases} m = 2, 4, 6, \ldots, \infty \text{ für das } --\text{Zeichen} \\ = 1, 3, 5, \ldots, \infty \text{ für das } +-\text{Zeichen} \end{cases}$$

$$= 2 \sum \frac{(m\,\pi)^k}{\varrho_{m\,n}} \frac{\mathrm{Sin}}{\mathrm{Cos}} \frac{m\,\pi}{a} x, \quad \text{wenn} \begin{cases} m = 1, 3, 5, \ldots, \infty \text{ für das } --\text{Zeichen} \\ = 2, 4, 6, \ldots, \infty \text{ für das } +-\text{Zeichen} \end{cases}$$

kann man die Formeln für die Summen der Fourierschen Reihen mit der ungeraden bzw. geraden Zahl von m ableiten, wenn man die Differenz bzw. die Summe von den beiden Seiten der Ausdrücke bildet, welche denselben Grad von $m\,\pi$ in den Formeln (24) und (26) haben.

Z. B. aus der siebenten Formel in (24) und (26)

$$\sum_m \frac{1 - (-1)^m}{m^3\,\pi^3\,\varrho_{m\,n}} \mathrm{Sin}\, \frac{m\,\pi}{a} x = \frac{1}{4\,\alpha_n^6} \left\{ H_{n\,\xi}^{(-3)} + G_{n\,\xi}^{(-3)} - \frac{\alpha_n^2}{K^2} \left(\frac{x^2}{a^2} - \frac{x}{a} \right) - \frac{4\,K'^2}{K^4} \right\}$$

daher

$$\sum \frac{1}{m^3\,\pi^3\,\varrho_{m\,n}} \mathrm{Sin}\, \frac{m\,\pi}{a} x = \frac{1}{8\,\alpha_n^6} \left\{ H_{n\,\xi}^{(-3)} + G_{n\,\xi}^{(-3)} - \frac{\alpha_n^2}{K^2} \left(\frac{x^2}{a^2} - \frac{x}{a} \right) - \frac{4\,K'^2}{K^4} \right\}$$

$$m = 1, 3, 5, 7, \ldots, \infty.$$

Analog

$$\sum \frac{1}{m^3\,\pi^3\,\varrho_{m\,n}} \mathrm{Sin}\, \frac{m\,\pi}{a} x$$

$$= \frac{1}{8\,\alpha_n^6} \left\{ H_{n\,\xi}^{(-3)} - G_{n\,\xi}^{(-3)} + \frac{\alpha_n^2}{K^2} \left(\frac{2\,x^3}{3\,a^3} - \frac{x^2}{a^2} + \frac{x}{3\,a} \right) - \frac{4\,K'^2}{K^4} \left(1 - \frac{2\,x}{a} \right) \right\}$$

$$m = 2, 4, 6, 8, \ldots, \infty.$$

Wenn ferner $K = 1$ und $K' = 0$ ist, so erhält man

$$\lambda^2 = i, \quad \lambda'^2 = -i, \quad \varrho_{mn} = (m^4\,\pi^4 + \alpha_n^4), \quad K_1 = K_2 = \frac{1}{\sqrt{2}},$$

und man kann die Formeln für die Summen der unendlichen Reihen, ausgedrückt in den Formen

$$\sum \frac{(m\,\pi)^k}{m^4\,\pi^4 + \alpha_n^4} \frac{\mathrm{Sin}}{\mathrm{Cos}} \frac{m\,\pi}{a} x \quad \text{bzw.} \quad \sum \frac{(m\,\pi)^k}{m^4\,\pi^4 + \alpha_n^4} (-1)^m \frac{\mathrm{Sin}}{\mathrm{Cos}} \frac{m\,\pi}{a} x$$

ableiten, wenn man die oben gegebenen speziellen Werte von K, K', K_1 und K_2 in die entsprechenden Formeln in (24), (26) und (29) einsetzt. Z. B.

$$\sum_m \frac{\mathrm{Cos}\, \frac{m\,\pi}{a} x}{m^2\,\pi^2\,(m^4\,\pi^4 + \alpha_n^4)} = \frac{1}{4\,\alpha_n^5} \left\{ H_{n\,\xi}^{(-2)} + \alpha_n \left(\frac{x^2}{a^2} - \frac{2\,x}{a} + \frac{2}{3} \right) \right\},$$

worin bedeutet

$$H_{n\xi}^{(-2)} = \sqrt{2}\,(U_{n\xi} - V_{n\xi}) \div Z_n$$

$$= \sqrt{2}\,\Big\{ \mathfrak{Cof}\,\frac{\alpha_n}{\sqrt{2}}\,\xi\,\mathrm{Sin}\,\frac{\alpha_n}{\sqrt{2}}\,(2-\xi) + \mathfrak{Cof}\,\frac{\alpha_n}{\sqrt{2}}\,(2-\xi)\,\mathrm{Sin}\,\frac{\alpha_n}{\sqrt{2}}\,\xi$$

$$- \mathfrak{Sin}\,\frac{\alpha_n}{\sqrt{2}}\,\xi\,\mathrm{Cos}\,\frac{\alpha_n}{\sqrt{2}}\,(2-\xi) - \mathfrak{Sin}\,\frac{\alpha_n}{\sqrt{2}}\,(2-\xi)\,\mathrm{Cos}\,\frac{\alpha_n}{\sqrt{2}}\,\xi\Big\}$$

$$\div\,(\mathfrak{Cof}\,\sqrt{2}\,\alpha_n - \mathrm{Cos}\,\sqrt{2}\,\alpha_n).$$

§ 6. Der allgemeine Ausdruck für die Durchbiegung.

Der durch die Formel (4) gegebene Ausdruck für die Durchbiegung ζ, nämlich

$$\zeta = \frac{p\,b^4}{N_x}\sum_m\sum_n A_{mn}\,X_{mn}\,Y_n = \frac{p\,b^4}{N_x}\sum_r{\sum_s}' A_{rs}\,X_{rs}\,Y_s$$

$$= \frac{p\,b^4}{N_x}\sum_r\sum_s A_{rs}\Big\{\frac{C_{rs}}{3}\Big(\frac{x^3}{a^3} - \frac{x}{a}\Big) - \frac{C'_{rs}}{3}\Big(\frac{x^3}{a^3} - \frac{3\,x^2}{a^2} + \frac{2\,x}{a}\Big)$$

$$+ C''_{rs}\,\frac{x}{3\,a} + C'''_{rs}\Big(1 - \frac{x}{a}\Big) + \frac{\mathrm{Sin}\,\dfrac{r\,\pi}{a}\,x}{r\,\pi}\Big\}$$

$$\times\Big\{\frac{D_s}{3}\Big(\frac{y^3}{b^3} - \frac{y}{b}\Big) - \frac{D'_s}{3}\Big(\frac{y^3}{b^3} - \frac{3\,y^2}{b^2} + \frac{2\,y}{b}\Big) + \frac{1}{s\,\pi}\,\mathrm{Sin}\,\frac{s\,\pi}{b}\,y\Big\}$$

wird nach der Formel

$$\sum_r{\sum_s}' A_{rs}\,X_{rs}\,Y_s$$

$$= \frac{4}{a\,b}\sum_m\sum_n\int_0^a\!\!\int_0^b\Big(\sum_r\sum_s A_{rs}\,X_{rs}\,Y_s\,\mathrm{Sin}\,\frac{m\,\pi}{a}\,x\,\mathrm{Sin}\,\frac{n\,\pi}{b}\,y\,dx\,dy\Big)$$

$$\times\,\mathrm{Sin}\,\frac{m\,\pi}{a}\,x\,\mathrm{Sin}\,\frac{n\,\pi}{b}\,y$$

wie folgt entwickelt[1]:

$$\zeta = \frac{p\,b^4}{N_x}\sum_m\sum_n\frac{1}{m\,n\,\pi^2}\,\mathrm{Sin}\,\frac{m\,\pi}{a}\,x\,\mathrm{Sin}\,\frac{n\,\pi}{b}\,y\Big[A_{mn} + \frac{4}{m^2\,\pi^2}\{(-1)^m\sum_r C_{rn}\,A_{rn} - \sum_r C'_{rn}\,A_{rn}\}$$

$$+ \frac{4}{n^2\,\pi^2}\{(-1)^n\sum_s D_s\,A_{ms} - \sum_s D'_s\,A_{ms}\} + \frac{16\,\varDelta_{mn}}{m^2\,n^2\,\pi^4}$$

$$- \frac{2}{3}\{(-1)^m\sum_r C''_{rn}\,A_{rn} - 3\sum_r C'''_{rn}\,A_{rn}\}$$

$$- \frac{8}{3\,n^2\,\pi^2}\sum_r\sum_s\{(-1)^m\,C''_{rs} - 3\,C'''_{rs}\}\{(-1)^n\,D_s - D'_s\}\,A_{rs}\Big]. \tag{32a}$$

Die ersten vier Glieder in der Klammer [ ] in der vorangehenden Formel sind den ersten vier Gliedern auf der linken Seite von der Formel (15a)

---

[1] Siehe die Integrationen auf S. 8.

gleich. Somit lautet

$$\zeta = \frac{p\,b^4}{N_x} \sum_m \sum_n \operatorname{Sin} \frac{m\,\pi}{a} x \operatorname{Sin} \frac{n\,\pi}{b} y \left[\frac{a^4\,R_{m\,n}}{b^4\,\varrho_{m\,n}} + \frac{4\,m}{n\,\varrho_{m\,n}} \{(-1)^m A_n - A_n'\} \right.$$

$$+ \frac{4\,K^2\,a^4\,n}{b^4\,m\,\varrho_{mn}} \{(-1)^n B_m - B_m'\}$$

$$+ \frac{2}{3\,m\,n\,\pi^2} \left(\frac{K^2\,\alpha_{\mu}^4}{\varrho_{m\,n}} - 1 \right) \{(-1)^m \sum_r C_{r\,n}'' A_{r\,n} - 3 \sum_r C_{r\,n}''' A_{r\,n}\}$$

$$\left. - \frac{8}{3\,m\,n^3\,\pi^4} \sum_r \sum_s \{(-1)^m C_{r\,s}'' - 3\,C_{r\,s}'''\} \{(-1)^n D_s - D_s'\} A_{r\,s} \right]. \quad (32\,\mathrm{b})$$

Die vorangehende Formel (32a) oder (32b) ist der allgemeine nach der Fourierschen Doppelreihe entwickelte Ausdruck für die Durchbiegung der rechteckigen Platte. Die beiden Formeln eignen sich natürlich für den praktischen Gebrauch; aber man kann erwarten, daß man irgendeinen noch stärker konvergierenden Ausdruck erhalten würde, wenn man die oben ermittelten Doppelreihen durch angemessene Summierung in die einfache Reihe umformen könnte.

Berechnet man zu diesem Zweck mit Hilfe der Formeln (24) und (26) in § 5 und auch der Beziehungen

$$\sum_m \frac{1}{m\,\pi} \operatorname{Sin} \frac{m\,\pi}{a} x = \frac{1}{2}\left(1 - \frac{x}{a}\right), \qquad \sum_m \frac{(-1)^m}{m\,\pi} \operatorname{Sin} \frac{m\,\pi}{a} x = -\frac{x}{2\,a},$$

$$\sum_n \frac{1}{n^3\,\pi^3} \operatorname{Sin} \frac{n\,\pi}{b} y = \frac{1}{12}\left(\frac{y^3}{b^3} - \frac{3\,y^2}{b^2} + \frac{2\,y}{b}\right),$$

$$\sum_n \frac{(-1)^n}{n^3\,\pi^3} \operatorname{Sin} \frac{n\,\pi}{b} y = \frac{1}{12}\left(\frac{y^3}{b^3} - \frac{y}{b}\right)$$

die Summe der unendlichen Reihen in bezug auf m für das zweite und vierte, in bezug auf n für das dritte und in bezug auf die beiden Indizes m und n für das fünfte Glied in der Klammer [ ] in (32b), so erhält man

$$\zeta = \frac{p\,b^4}{N_x} \bar{\zeta} = \frac{p\,b^4}{N_x} (\bar{\zeta}_0 + \bar{\zeta}_1)$$

worin

$$\bar{\zeta}_0 = \frac{a^4}{b^4} \sum_m \sum_n \frac{R_{m\,n}}{\varrho_{m\,n}} \operatorname{Sin} \frac{m\,\pi}{a} x \operatorname{Sin} \frac{n\,\pi}{b} y$$

$$\bar{\zeta}_1 = -\frac{b^2}{a^2} \sum_n \frac{1}{n^3\,\pi^3} (A_n\,G_{n\,\xi}^{(1)} + A_n'\,H_{n\,\xi}^{(1)}) \operatorname{Sin} \frac{n\,\pi}{b} y$$

$$- \frac{a^2}{b^2} \sum_m \frac{1}{m^3\,\pi^3} (B_m\,G_{m\,\eta}^{(1)} + B_m'\,H_{m\,\eta}^{(1)}) \operatorname{Sin} \frac{m\,\pi}{a} x \qquad\qquad (33)$$

$$- \frac{K^2}{6} \sum_n \frac{1}{n\,\pi} (G_{n\,\xi}^{(-1)} \sum_r C_{r\,n}'' A_{rn} + 3\,H_{n\,\xi}^{(-1)} \sum_r C_{r\,n}''' A_{r\,n}) \operatorname{Sin} \frac{n\,\pi}{b} y$$

$$+ \frac{1}{9} \sum_r \sum_s \left\{ \frac{x}{a} C_{r\,s}'' + 3\left(1 - \frac{x}{a}\right) C_{r\,s}''' \right\}$$

$$\times \left\{ \left(\frac{y^3}{b^3} - \frac{y}{b}\right) D_s - \left(\frac{y^3}{b^3} - \frac{3\,y^2}{b^2} + \frac{2\,y}{b}\right) D_s' \right\} A_{r\,s}.$$

In dieser Formel bedeuten $G^{(1)}_{m\eta}$ bzw. $H^{(1)}_{m\eta}$ die Hyperbelfunktionen, welche durch Einsetzen von $\beta_m \left(= \frac{b}{a} m\pi \right)$, $\frac{1}{\lambda'}$, $\frac{1}{\lambda}$ und $\eta \left(= \frac{y}{b} \right)$ an Stelle von $\alpha_n \left(= \frac{a}{b} n\pi \right)$, λ, λ' und $\xi \left(= \frac{x}{a} \right)$ in den Ausdrücken von $G^{(1)}_{n\xi}$ bzw. $H^{(1)}_{n\xi}$ ermittelt werden[1].

Die Formel (33) ist der allgemeine Ausdruck für die Durchbiegung und gilt für die rechteckige Platte, welche irgendeine Belastung und Grenzbedingung hat. Wird die Belastungsfunktion $f(x, y)$ und dadurch der Wert von R_{mn} gegeben, so ist das erste Glied von $\bar{\zeta}$, d. h. $\bar{\zeta}_0$ auch durch die einfache Reihe wie $\bar{\zeta}_1$ ausdrückbar.

Durch Einsetzen der Formel (33) in die Plattengleichung (1a) kann man leicht beweisen, daß

$$\frac{p\,b^4}{N_x} \left(\frac{\partial^4}{\partial x^4} + 2\,K'^2 \frac{\partial^4}{\partial x^2\,\partial y^2} + K^2 \frac{\partial^4}{\partial y^4} \right) \bar{\zeta}_0$$

$$= \frac{p}{N_x} \sum_m \sum_n R_{mn} \operatorname{Sin} \frac{m\pi}{a} x \operatorname{Sin} \frac{n\pi}{b} y = \frac{p_{xy}}{N_x}$$

und

$$\frac{p\,b^4}{N_x} \left(\frac{\partial^4}{\partial x^4} + 2\,K'^2 \frac{\partial^4}{\partial x^2\,\partial y^2} + K^2 \frac{\partial^4}{\partial y^4} \right) \bar{\zeta}_1 = 0 .$$

Somit können wir sagen, daß der erste Teil von ζ, nämlich $\frac{p\,b^4}{N_x} \bar{\zeta}_0$, das partikuläre Integral der Grundgleichung (1a) im weiteren Sinne bedeutet, während der zweite, nämlich $\frac{p\,b^4}{N_x} \bar{\zeta}_1$, die Zusatzfunktion derselben Gleichung ist. Der Ausdruck $\frac{p\,b^4}{N_x} \bar{\zeta}_0$ ist nichts anderes als die Durchbiegung der freiaufliegenden rechteckigen Platte, und der algebraische Ausdruck, den man gewöhnlich als das partikuläre Integral der Plattengleichung wählt, entsteht von selbst, wenn man $\frac{p\,b^4}{N_x} \bar{\zeta}_0$ in eine einfache Reihe umformt. Das geht aus (35b) im nächsten Paragraphen genau hervor.

---

[1] Z. B., da

$$\frac{b^4}{K^2 a^4} \varrho_{mn} = \pi^4 \left(n^4 + \frac{2\,K'^2\,b^2\,m^2\,n^2}{K^2\,a^2} + \frac{b^4\,m^4}{K^2\,a^4} \right) = \left(n^2\pi^2 + \frac{\beta_m^2}{\lambda'^2} \right) \left(n^2\,\pi^2 + \frac{\beta_m^2}{\lambda^2} \right),$$

erhält man $\quad \dfrac{K^2 a^4}{b^4} \displaystyle\sum_n \frac{n\pi}{\varrho_{mn}} \operatorname{Sin} \frac{n\pi}{b} y = \dfrac{H^{(1)}_{m\eta}}{4\,\beta_m^2}$

Zweites Kapitel.

Formeln für die speziellen Fälle.

§ 7. Die auf den vier Seiten frei aufliegende Platte.

Da alle Werte von C und D für die frei aufliegende Platte Null sind, erhält man

$$X_m = \frac{1}{m\pi} \operatorname{Sin} \frac{m\pi}{a} x, \qquad Y_n = \frac{1}{n\pi} \operatorname{Sin} \frac{n\pi}{b} y,$$

$$\bar{\zeta}_1 = 0,$$

$$\bar{\zeta} = \bar{\zeta}_0 = \frac{a^4}{b^4} \sum_m \sum_n \frac{R_{mn}}{\varrho_{mn}} \operatorname{Sin} \frac{m\pi}{a} x \operatorname{Sin} \frac{n\pi}{b} y. \tag{34}$$

Die vorangehende Formel ist im allgemeinen für jede beliebig belastete Platte geeignet.

I. Die auf der ganzen Fläche des Rechtecks hydrostatisch belastete Platte.

a) Die Durchbiegung. Setzt man den durch die Formel (22) gegebenen Wert von R_{mn} in (34) ein, so erhält man

$$\bar{\zeta}_0 = \frac{4\,a^4}{b^4} \sum_m \sum_n \frac{\{1-(-1)^m\}\{1-(-1)^n\}-\alpha(-1)^m\{1-(-1)^n\}-\beta\{1-(-1)^m\}(-1)^n}{m\,n\,\pi^2\,\varrho_{mn}}$$

$$\times \operatorname{Sin} \frac{m\pi}{a} x \operatorname{Sin} \frac{n\pi}{b} y. \tag{35a}$$

Nach weiterer Berechnung mit Benutzung der Formeln (24) und (26) geht (35a) in eine einfache Reihe wie folgt über:

$$\left.\begin{aligned}
\bar{\zeta}_0 &= \frac{1}{24\,K^2}\left\{\left(1+\alpha\,\frac{x}{a}\right)\left(\frac{y^4}{b^4} - \frac{2\,y^3}{b^3} + \frac{y}{b}\right) + \beta\left(\frac{y^5}{5\,b^5} - \frac{2\,y^3}{3\,b^3} + \frac{7\,y}{15\,b}\right)\right\} \\
&\quad + \sum_n \frac{W_{n\xi}^{(-1)}}{n^5\,\pi^5} \operatorname{Sin} \frac{n\pi}{b} y,
\end{aligned}\right\} \tag{35b}$$

worin

$$W_{n\xi}^{(-1)} = \{1 - (-1)^n\}\{H_{n\xi}^{(-1)} + (1+\alpha)\,G_{n\xi}^{(-1)}\} - \beta(-1)^n (H_{n\xi}^{(-1)} + G_{n\xi}^{(-1)})$$

Man kann leicht beweisen, daß der mit $\dfrac{p\,b^4}{N_x}$ multiplizierte algebraische Ausdruck in obiger Formel der Plattengleichung (1a) genügt. Die Differentialquotienten der Hyperbelfunktion $W_{n\xi}^{(-1)}$ sind nach (31a) und (31b)

$$\left.\begin{aligned}
\frac{d}{dx} W_{n\xi}^{(-1)} &= \frac{\alpha_n}{a}\big[\{1-(-1)^n\}\{H_{n\xi}^{(0)} - (1+\alpha)G_{n\xi}^{(0)}\} - \beta(-1)^n (H_{n\xi}^{(0)} - G_{n\xi}^{(0)})\big] = \frac{\alpha_n}{a} W_{n\xi}^{(0)} \\
\frac{d^2}{dx^2} W_{n\xi}^{(-1)} &= -\frac{\alpha_n^2}{a^2}\big[\{1-(-1)^n\}\{H_{n\xi}^{(1)} + (1+\alpha)G_{n\xi}^{(1)}\} - \beta(-1)^n (H_{n\xi}^{(1)} + G_{n\xi}^{(1)})\big] = -\frac{\alpha_n^2}{a^2} W_{n\xi}^{(1)} \\
\frac{d^3}{dx^3} W_{n\xi}^{(-1)} &= -\frac{\alpha_n^3}{a^3}\big[\{1-(-1)^n\}\{H_{n\xi}^{(2)} - (1+\alpha)G_{n\xi}^{(2)}\} - \beta(-1)^n (H_{n\xi}^{(2)} - G_{n\xi}^{(2)})\big] = -\frac{\alpha_n^3}{a^3} W_{n\xi}^{(2)}.
\end{aligned}\right\} \tag{36}$$

b) **Die Spannungsmomente.** Bezeichnet man mit M_x bzw. M_y das Biegungsmoment, bezogen auf eine zur x- bzw. y-Achse senkrecht geschnittene Fläche mit Längeneinheit der Schnittbreite, und mit M_{xy} bzw. M_{yx} das auf dieselbe Schnittfläche bezogene Torsionsmoment, so liefert die Plattentheorie die folgenden Formeln:

$$
\left.
\begin{aligned}
M_x &= - N_x \left(\frac{\partial^2 \zeta}{\partial x^2} + \frac{1}{\mu_2} \frac{\partial^2 \zeta}{\partial y^2} \right) \\[2mm]
M_y &= - N_y \left(\frac{\partial^2 \zeta}{\partial y^2} + \frac{1}{\mu_1} \frac{\partial^2 \zeta}{\partial x^2} \right) \\[2mm]
M_{xy} &= \quad M_{yx} = - 2 C \frac{\partial^2 \zeta}{\partial x \partial y} \, .
\end{aligned}
\right\} \tag{37}
$$

Das Einsetzen von (35 b) und ihrer Differentialquotienten in Gl. (37) ergibt:

$$
\left.
\begin{aligned}
\overline{M}_x &= \frac{-1}{2 \mu_2 K^2} \left\{ \left(1 + \alpha \frac{x}{a} \right) \left(\frac{y^2}{b^2} - \frac{y}{b} \right) + \frac{\beta}{3} \left(\frac{y^3}{b^3} - \frac{y}{b} \right) \right\} + \sum_n \frac{W_{n\xi}^{(1)} + \frac{1}{\mu_2} W_{n\xi}^{(-1)}}{n^3 \pi^3} \operatorname{Sin} \frac{n\pi}{b} y \\[3mm]
\overline{M}_y &= - \frac{1}{2} \left\{ \left(1 + \alpha \frac{x}{a} \right) \left(\frac{y^2}{b^2} - \frac{y}{b} \right) + \frac{\beta}{3} \left(\frac{y^3}{b^3} - \frac{y}{b} \right) \right\} + K^2 \sum_n \frac{W_{n\xi}^{(-1)} + \frac{1}{\mu_1} W_{n\xi}^{(1)}}{n^3 \pi^3} \operatorname{Sin} \frac{n\pi}{b} y \\[3mm]
\overline{M}_{xy} &= - \frac{2 C}{N_x} \left\{ \frac{\alpha b}{24 K^2 a} \left(\frac{4 y^3}{b^3} - \frac{6 y^2}{b^2} + 1 \right) + \sum_n \frac{W_{n\xi}^{(0)}}{n^3 \pi^3} \operatorname{Cos} \frac{n\pi}{b} y \right\}
\end{aligned}
\right\} \tag{38a}
$$

wenn zur Abkürzung gesetzt wird:

$$
\left.
\begin{aligned}
M_x &= p b^2 \overline{M}_x \\
M_y &= p b^2 \overline{M}_y \\
M_{xy} &= p b^2 \overline{M}_{xy} .
\end{aligned}
\right\} \tag{38b}
$$

Hierin bedeutet jedes $\overline{M}$ die von den zwei Veränderlichen $\frac{x}{a}$ und $\frac{y}{b}$ abhängige dimensionsfreie Größe, durch welche der Verlauf des Spannungsmoments bestimmt wird.

c) **Die Scherkraft.** Die Scherkraft V_x bzw. V_y, die auf eine zur x- bzw. y-Achse senkrecht geschnittene Fläche (ebenfalls auf die Längeneinheit der Schnittbreite bezogen) wirkt, ist im allgemeinen:

$$
\left.
\begin{aligned}
V_x &= p b \overline{V}_x = - N_x \left\{ \frac{\partial^3 \zeta}{\partial x^3} + \left(\frac{1}{\mu_2} + \frac{2 C}{N_x} \right) \frac{\partial^3 \zeta}{\partial x \partial y^2} \right\} \\[2mm]
V_y &= p b \overline{V}_y = - N_x \left\{ K^2 \frac{\partial^3 \zeta}{\partial y^3} + \left(\frac{K^2}{\mu_1} + \frac{2 C}{N_x} \right) \frac{\partial^3 \zeta}{\partial x^2 \partial y} \right\} .
\end{aligned}
\right\} \tag{39}
$$

Verlagsbuchhandlung  Julius Springer / Berlin

Trägheits- und Widerstandsmomente von Blechträgern

Träger mit und ohne Gurtplatten. Hilfstafeln.

Von

Dipl.-Ing. **P. Krugmann**

X, 149 Seiten. 1932. Gebunden RM 27.—

Durch die in den letzten Jahren erlassenen amtlichen Vorschriften über die Berechnung genieteter Träger, insbesondere über die Berücksichtigung der Querschnittsverschwächung durch Nietlöcher, sind verschiedene ältere gleichartige Tabellenwerke überholt worden. Der Ingenieur war daher immer wieder gezwungen, für seine Berechnungen die erforderlichen Querschnittswerte in zeitraubender Arbeit zu bestimmen. Ihm diese Arbeit abzunehmen, ist der Zweck des vorliegenden Buches.

Bezüglich der Auswahl der Profile wurde den Bedürfnissen der Praxis weitgehend Rechnung getragen; so sind z. B. Stegblechdicken von 8—14 mm bei Höhen von 300—4500 mm berücksichtigt, auch wurden bei Trägern ohne Gurtplatten die Werte W_{netto} sowohl für die Anordnung von Halsnieten (Wn_H), als auch von Kopfnieten (Wn_K) berechnet. Bei den Trägern mit Gurtplatten sind außer den Werten W_{netto}, die zur Ermittlung der Biegungsspannungen benötigt werden, noch die Werte J_{voll} für Durchbiegungsrechnungen, Knickuntersuchungen oder ähnliche Aufgaben angegeben. Weiterhin wurde ein Teil der vorgesehenen Hilfstafeln so erweitert, daß sie vornehmlich' zur Berechnung **geschweißter Träger** benutzt werden können. *(Probetafeln umseitig.)*

Die Theorie elastischer Gewebe und ihre Anwendung auf die Berechnung biegsamer Platten

unter besonderer Berücksichtigung der trägerlosen Pilzdecken

Von

Dr.-Ing. **H. Marcus**

Direktor der HUTA, Hoch- und Tiefbau-Aktiengesellschaft Breslau

Zweite, verbesserte Auflage. **Erster Band.** Mit 123 Textabbildungen. VIII, 368 Seiten. 1932. Gebunden RM 22.50

Die **erste,** verhältnismäßig rasch vergriffene **Auflage** dieses Buches hatte die Aufgabe, aus dem Rüstzeug der Elastizitätstheorie eine brauchbare Grundlage für die wissenschaftliche Untersuchung und die praktische Querschnittsbemessung kreuzweise bewehrter Eisenbetondecken zu schaffen. Die Theorie der elastischen Gewebe, die den Unterbau für eine neue Darstellung der Spannungen und Formänderungen biegsamer Platten bildete, ist inzwischen durch weitere Anwendungsmöglichkeiten bereichert worden, in ihrem Kern aber unverändert geblieben.

In der vorliegenden **zweiten Auflage** ist der Inhalt der ersten daher vollständig übernommen, jedoch sind die kritischen Erörterungen über die Unzulänglichkeit der deutschen Bestimmungen vom Jahre 1916 und der früheren Annäherungsverfahren für die Berechnung der kreuzweise bewehrten Decke fortgelassen, weil die vom Verfasser auf Grund der strengen Untersuchungen empfohlenen neueren Methoden für eine sorgfältige Querschnittsbemessung der Platten in den Vorschriften von 1925 eingeführt worden sind.

(Fortsetzung Seite 4)

Trägheits- und Widerstandsmomente von Blechträgern. Von Dipl.-Ing. P. Krugmann. Gebunden RM 27.—

Probetafeln:

L 130 · 130 · 12
Bl 10   ⌀ 23   t = 10

h	Gurtplattenbreite				g_1	h	Gurtplattenbreite				g_1
	280	300	320	340			280	300	320	340	
400	62880 2570	64560 2650	66240 2730	67920 2810	126	1200	732040 10460	746680 10700	761320 10940	775960 11180	188
420	2740	2830	2910	3000	127	1220	10680	10920	11170	11410	190
440	2910	3000	3090	3180	129	1240	10900	11150	11400	11650	192
460	3090	3180	3270	3360	130	1260	11130	11380	11630	11880	193
480	3260	3360	3450	3550	132	1280	11350	11610	11870	12120	195
500	103470 3440	106070 3540	108680 3640	111280 3740	133	1300	877040 11580	894200 11840	911360 12100	928520 12360	196
520	3610	3720	3820	3930	135	1320	11810	12070	12340	12600	198
540	3790	3900	4010	4120	137	1340	12040	12310	12570	12840	199
560	3970	4090	4200	4310	138	1360	12270	12540	12810	13090	201
580	4160	4270	4390	4510	140	1380	12500	12780	13050	13330	203
600	155370 4340	159090 4460	162810 4580	166530 4700	141	1400	1037300 12730	1057200 13010	1077100 13290	1097000 13570	204
620	4530	4650	4770	4900	143	1420	12970	13250	13540	13820	206
640	4710	4840	4970	5100	144	1440	13200	13490	13780	14070	207
660	4900	5030	5170	5300	146	1460	13440	13730	14020	14320	209
680	5090	5230	5360	5500	148	1480	13680	13970	14270	14570	210
700	219060 5280	224110 5420	229150 5560	234190 5700	149	1500	1213400 13920	1236200 14220	1259000 14520	1281800 14820	212
720	5470	5620	5760	5900	151	1520	14160	14460	14770	15070	214
740	5670	5810	5960	6110	152	1540	14400	14710	15010	15320	215
760	5860	6010	6170	6320	154	1560	14640	14950	15260	15580	217
780	6060	6210	6370	6530	155	1580	14880	15200	15520	15830	218
800	295060 6250	301620 6410	308180 6570	314740 6730	157	1600	1405800 15130	1431700 15450	1457700 15770	1483600 16090	220
820	6450	6620	6780	6950	159	1620	15370	15700	16020	16350	221
840	6650	6820	6990	7160	160	1640	15620	15950	16280	16610	223
860	6850	7030	7200	7370	162	1660	15870	16200	16530	16870	225
880	7060	7230	7410	7580	163	1680	16120	16450	16790	17130	226
900	383850 7260	392140 7440	400420 7620	408700 7800	165	1700	1615000 16370	1644300 16710	1673500 17050	1702700 17390	228
920	7460	7650	7830	8020	166	1720	16620	16960	17310	17650	229
940	7670	7860	8050	8230	168	1740	16870	17220	17570	17920	231
960	7880	8070	8260	8450	170	1760	17130	17480	17830	18180	232
980	8090	8280	8480	8670	171	1780	17380	17740	18090	18450	234
1000	485950 8300	496150 8500	506350 8700	516550 8900	173	1800	1841500 17640	1874300 18000	1907000 18360	1939800 18720	236
1020	8510	8710	8910	9120	174	1820	17900	18260	18620	18990	237
1040	8720	8930	9130	9340	176	1840	18150	18520	18890	19260	239
1060	8930	9140	9350	9570	177	1860	18410	18780	19160	19530	240
1080	9150	9360	9580	9790	179	1880	18670	19050	19430	19800	242
1100	601850 9360	614170 9580	626490 9800	638810 10020	181	1900	2085800 18940	2122300 19320	2158800 19700	2195300 20080	243
1120	9580	9800	10030	10250	182	1920	19200	19580	19970	20350	245
1140	9800	10020	10250	10480	184	1940	19460	19850	20240	20630	246
1160	10010	10250	10480	10710	185	1960	19730	20120	20510	20900	248
1180	10230	10470	10710	10940	187	1980	19990	20390	20790	21180	250
g_2	44,0	47,1	50,2	53,4		2000	2348400 20260	2388800 20660	2429200 21060	2469600 21460	251

L 100 · 100 · 10

Bl 10   ∅ 23

h	J	Wn_H	Wn_K	g	h	J	Wn_H	Wn_K	g
400	28710	1299	1221	91,7	1000	254990	4490	4400	139
410	30460	1343	1264	92,5	1020	267420	4610	4520	140
420	32270	1387	1308	93,3	1040	280200	4740	4650	142
430	34130	1432	1353	94,0	1060	293340	4860	4780	143
440	36060	1477	1397	94,8	1080	306850	4990	4900	145
450	38050	1522	1442	95,6	1100	320730	5120	5030	147
460	40090	1568	1488	96,4	1120	334980	5250	5160	148
470	42200	1614	1534	97,2	1140	349610	5380	5290	150
480	44380	1660	1580	98,0	1160	364630	5510	5430	151
490	46610	1707	1626	98,7	1180	380020	5650	5560	153
500	48910	1754	1673	99,5	1200	395810	5780	5690	154
510	51270	1801	1720	100	1220	411990	5920	5830	156
520	53690	1849	1767	101	1240	428570	6050	5970	158
530	56180	1897	1815	102	1260	445550	6190	6100	159
540	58730	1945	1863	103	1280	462930	6330	6240	161
550	61350	1993	1911	103	1300	480730	6470	6380	162
560	64040	2040	1960	104	1320	498940	6610	6530	164
570	66790	2090	2010	105	1340	517560	6760	6670	165
580	69610	2140	2060	106	1360	536610	6900	6810	167
590	72490	2190	2110	107	1380	556080	7050	6960	169
600	75440	2240	2160	107	1400	575990	7190	7100	170
610	78470	2290	2210	108	1420	596320	7340	7250	172
620	81560	2340	2260	109	1440	617100	7490	7400	173
630	84720	2390	2310	110	1460	638310	7640	7550	175
640	87950	2440	2360	111	1480	659970	7790	7700	176
650	91250	2500	2410	111	1500	682080	7940	7850	178
660	94620	2550	2460	112	1520	704650	8090	8000	180
670	98060	2600	2520	113	1540	727670	8250	8160	181
680	101580	2650	2570	114	1560	751150	8400	8310	183
690	105160	2700	2620	114	1580	775100	8560	8470	184
700	108820	2760	2670	115	1600	799520	8720	8630	186
710	112550	2810	2730	116	1620	824410	8870	8790	187
720	116360	2860	2780	117	1640	849780	9030	8950	189
730	120240	2920	2830	118	1660	857630	9200	9110	191
740	124200	2970	2890	118	1680	901970	9360	9270	192
750	128230	3030	2940	119	1700	928800	9520	9430	194
760	132340	3080	3000	120	1720	956120	9680	9600	195
770	136520	3140	3050	121	1740	983940	9850	9760	197
780	140780	3190	3110	122	1760	1012300	10020	9930	198
790	145120	3250	3160	122	1780	1041100	10180	10100	200
800	149540	3300	3220	123	1800	1070400	10350	10260	202
810	154030	3360	3280	124	1820	1100300	10520	10430	203
820	158610	3420	3330	125	1840	1130600	10690	10610	205
830	163260	3470	3390	125	1860	1161500	10870	10780	206
840	167990	3530	3450	126	1880	1192900	11040	10950	208
850	172810	3590	3500	127	1900	1224900	11220	11130	209
860	177700	3650	3560	128	1920	1257300	11390	11300	211
870	182680	3700	3620	129	1940	1290400	11570	11480	213
880	187730	3760	3680	129	1960	1323900	11750	11660	214
890	192870	3820	3740	130	1980	1358000	11920	11840	216
900	198100	3880	3790	131	2000	1392700	12110	12020	217
910	203400	3940	3850	132					
920	208790	4000	3910	133					
930	214270	4060	3970	133					
940	219830	4120	4030	134					
950	225470	4180	4090	135					
960	231200	4240	4150	136					
970	237020	4300	4210	136					
980	242920	4360	4280	137					
990	248920	4420	4340	138					

Für die y-y-Achse

h	J_y	Wn_{Hy}	Wn_{Ky}	
400	1558	147	117	
2000	1571	149	118	

Die Theorie elastischer Gewebe und ihre Anwendung auf die Berechnung biegsamer Platten.

Von Dr.-Ing. **H. Marcus.** Zweite Auflage. Erster Band. Gebunden RM 22.50

(Fortsetzung von Seite 1)

Die Entwicklung und die Anwendung dieser Methoden sind in der Schrift des Verfassers über „Die vereinfachte Berechnung biegsamer Platten" (siehe unten) zusammengefaßt, ihre Grundzüge sind auch im vorliegenden Buche dargestellt.

Der Ausbau der Plattentheorie hat den Verfasser inzwischen zu weiteren Untersuchungen über die partiellen Differenzengleichungen des elastischen Gewebes, über das Netzwerk der Rautendecken, über die trägerlosen Pilzdecken mit orthogonaler oder kreisförmiger Stützung, über die ebenen Wandungen rechteckiger Behälter mit einer oder mehreren Kammern, über die kreisförmigen, mehrfach gestützten Schwellen und Platten der Fundamentkörper sowie zu einer Reihe anderer Aufgaben geführt. Eine eingehende zusammenfassende Darstellung dieser Untersuchungen mit ihren Nutzanwendungen für die bauliche Ausbildung von Tragwerken aus Eisenbeton wird in dem vorgesehenen **zweiten Bande** des vorliegenden Werkes gebracht werden.

Inhaltsübersicht:

Grundlagen der Berechnung biegsamer Platten. Die Grundgleichungen der Theorie elastischer Platten. — Die elastische Platte und die elastische Haut. — Die elastische Haut und das elastische Gewebe. — Die Anstrengung der Platten.

Die Randbedingungen der ringsum frei aufliegenden Platte. Die Randbedingungen der elastischen Fläche. — Der Spannungsverlauf am Rande.

Die Berechnung der ringsum frei aufliegenden rechteckigen Platte. Die gleichmäßig belastete quadratische Platte. — Die mit einer Einzelkraft in der Mitte belastete quadratische Platte. — Die Berechnung gleichmäßig belasteter, ringsum frei aufliegender rechteckiger Platten mit verschiedenen Längenverhältnissen. — Der Einfluß der Querschnittsveränderlichkeit.—Der Einfluß einer ungleichen Bewehrung der Platte in verschiedenen Schnittrichtungen. — Der Einfluß einer ungleichmäßigen Erwärmung.

Die ringsum frei aufliegende kreisförmige Platte. Die Randbedingungen a) bei beliebiger Lastanordnung, b) bei achsensymmetrischer Lastverteilung.— Die allgemeine Darstellung der Spannungen und Formänderungen bei achsensymmetrischer Belastung.

Die ringsum frei aufliegende dreieckige Platte. Untersuchung der gleichseitigen, gleichmäßig belasteten dreieckigen Platte.

Die allgemeinen Grundlagen für die Untersuchung statisch unbestimmter Platten. Die Untersuchung von Platten, die a) nur an den Rändern gestützt sind, b) auch innerhalb der Ränder auf einzelnen Stützpunkten aufgelagert sind.

Die ringsum eingeklemmte Platte. Die gleichmäßig belastete quadratische Platte. — Die mit einer Einzellast in der Mitte belastete quadratische Platte. — Die rechteckigen Platten mit achsensymmetrischer Belastung.

Die Platten mit spannungsfreien Randflächen. Die nur an den Eckpunkten aufruhende, gleichmäßig belastete quadratische Platte. — Die auf den Eckpunkten aufruhende und durch eine Einzelkraft in der Mitte belastete quadratische Platte. — Die nur auf zwei gegenüberliegenden Rändern aufruhende Platte.

Die Platten mit nachgiebiger Randstützung. Der Einfluß einer Durchbiegung der Randunterlagen bei ringsum frei aufliegenden Platten.

Die Berechnung durchlaufender Platten. Die Stetigkeitsbedingungen. — Die Gleichungen zwischen den Randmomenten. — Die Entwicklung der Elastizitätsgleichungen. — Die Berechnung einer Platte mit drei quadratischen Feldern. — Die Berechnung einer Platte mit neun quadratischen Feldern.

Die Berechnung trägerloser Decken. Die Decke mit neun quadratischen Feldern.— Die in einer Richtung unendlich ausgedehnte Decke.—Die in beiden Richtungen unendlich ausgedehnte Decke. — Die Näherungsmethoden zur Berechnung der trägerlosen Decken.

Die mathematischen Aufgaben der Gewebetheorie. Die Umwandlung der partiellen Differenzengleichungen. — Die rechnerische Auflösung der totalen Differenzengleichungen. — Die zeichnerische Auflösung der Differenzengleichungen.

Früher erschien:

Die vereinfachte Berechnung biegsamer Platten.

Von Dr.-Ing. **H. Marcus,** Vorstandsmitglied der HUTA, Hoch- und Tiefbau Akt.-Ges., Breslau. Zweite, erweiterte Auflage. Mit 65 Abb. im Text. V, 126 S. 1929. RM 9.—; geb. RM 11.—

(abzüglich 10% Notnachlaß)

Verlagsbuchhandlung Julius Springer / Berlin

Die weitere Berechnung für die frei aufliegende Platte ergibt

$$
\begin{aligned}
\overline{V}_x &= \sum_n \frac{W^{(2)}_{n\xi}}{n^2\pi^2} \operatorname{Sin} \frac{n\pi}{b} y - \left(\frac{1}{\mu_2} + \frac{2C}{N_x}\right) \\
&\quad \times \left\{\frac{\alpha b}{2K^2 a}\left(\frac{y^2}{b^2} - \frac{y}{b}\right) - {\sum_n}' \frac{W^{(0)}_{n\xi}}{n^2\pi^2} \operatorname{Sin}\frac{n\pi}{b} y\right\} \\
\overline{V}_y &= -\frac{1}{2}\left\{\left(1 + \alpha\frac{x}{a}\right)\left(\frac{2y}{b} - 1\right) - \beta\left(\frac{y^2}{b^2} - \frac{1}{3}\right)\right\} \\
&\quad + \sum_n \frac{1}{n^2\pi^2}\left\{K^2 W^{(1)}_{n\xi} + \left(\frac{K^2}{\mu_1} + \frac{2C}{N_x}\right) W^{(-1)}_{n\xi}\right\} \operatorname{Cos}\frac{n\pi}{b} y .
\end{aligned} \tag{40}
$$

d) **Die Auflagerkräfte.** Wenn eine auf den vier Seiten frei aufliegende rechteckige Platte durch eine Belastung verbogen wird, wölben sich die vier Ecken der Plattenbegrenzung etwas aufwärts. Um die hierbei auftretende **negative Durchbiegung** überall auf den vier Rändern zu vermeiden, damit die sogenannten Navierschen Grenzbedingungen erfüllt werden, muß man die folgenden vier **konzentrierten äußeren Kräfte** auf die vier Ecken $0, A, B$ und C wirken lassen:

$$
\begin{aligned}
P_0 &= 2\,(M_{xy})_{\substack{x=0\\y=0}} = -4C\left(\frac{\partial^2 \zeta}{\partial x\,\partial y}\right)_{\substack{x=0\\y=0}} \\[4pt]
P_A &= -2\,(M_{xy})_{\substack{x=a\\y=0}} = +4C\left(\frac{\partial^2 \zeta}{\partial x\,\partial y}\right)_{\substack{x=a\\y=0}} \\[4pt]
P_B &= -2\,(M_{xy})_{\substack{x=0\\y=b}} = +4C\left(\frac{\partial^2 \zeta}{\partial x\,\partial y}\right)_{\substack{x=0\\y=b}} \\[4pt]
P_C &= 2\,(M_{xy})_{\substack{x=a\\y=b}} = -4C\left(\frac{\partial^2 \zeta}{\partial x\,\partial y}\right)_{\substack{x=a\\y=b}} .
\end{aligned} \tag{41}
$$

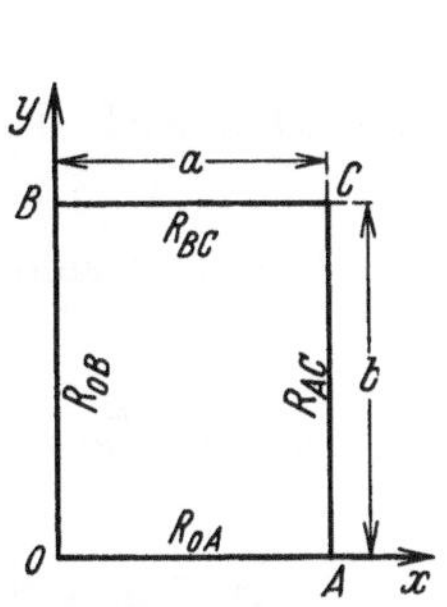

Abb. 5.

Bezeichnet man mit Q_{0B}, Q_{AC}, Q_{0A} und Q_{BC} die durch die vorangehenden äußeren Kräfte verursachten verteilten Auflagerkräfte (oder die Ersatzscherkräfte auf den vier Rändern), so sind

$$
\begin{aligned}
Q_{0B} &= p\,b\,\overline{Q}_{0B} = -2C\left(\frac{\partial^3 \zeta}{\partial x\,\partial y^2}\right)_{x=0} \\[4pt]
Q_{AC} &= p\,b\,\overline{Q}_{AC} = +2C\left(\frac{\partial^3 \zeta}{\partial x\,\partial y^2}\right)_{x=a} \\[4pt]
Q_{0A} &= p\,b\,\overline{Q}_{0A} = -2C\left(\frac{\partial^3 \zeta}{\partial x^2\,\partial y}\right)_{y=0} \\[4pt]
Q_{BC} &= p\,b\,\overline{Q}_{BC} = +2C\left(\frac{\partial^3 \zeta}{\partial x^2\,\partial y}\right)_{y=b} .
\end{aligned} \tag{42}
$$

Aus (35b), (36) und (42) ergibt sich

$$
\left.
\begin{aligned}
\overline{Q}_{0B} &= -\frac{2C}{N_x}\left\{\frac{\alpha b}{2K^2 a}\left(\frac{y^2}{b^2}-\frac{y}{b}\right)-\sum_n \frac{W_{n0}^{(0)}}{n^2\pi^2}\,\mathrm{Sin}\,\frac{n\pi}{b}\cdot y\right\} \\[2mm]
\overline{Q}_{AC} &= +\frac{2C}{N_x}\left\{\frac{\alpha b}{2K^2 a}\left(\frac{y^2}{b^2}-\frac{y}{b}\right)-\sum_n \frac{W_{n1}^{(0)}}{n^2\pi^2}\,\mathrm{Sin}\,\frac{n\pi}{b}\,y\right\} \\[2mm]
\overline{Q}_{0A} &= +\frac{2C}{N_x}\sum_n \frac{W_{n\xi}^{(1)}}{n^2\pi^2} \\[2mm]
\overline{Q}_{BC} &= -\frac{2C}{N_x}\sum_n \frac{(-1)^n}{n^2\pi^2}\,W_{n\xi}^{(1)}\,.
\end{aligned}
\right\}
\tag{43}
$$

Endlich kann man die resultierenden Auflagerkräfte durch die folgenden Formeln berechnen:

$$
\left.
\begin{aligned}
R_{0B} &= p\,b\,\overline{R}_{0B} = p\,b\left\{(\ \ \overline{V}_x)_{x=0}+\overline{Q}_{0B}\right\} \\[1mm]
R_{AC} &= p\,b\,\overline{R}_{AC} = p\,b\left\{(-\overline{V}_x)_{x=a}+\overline{Q}_{AC}\right\} \\[1mm]
R_{0A} &= p\,b\,\overline{R}_{0A} = p\,b\left\{(\ \ \overline{V}_y)_{y=0}+\overline{Q}_{0A}\right\} \\[1mm]
R_{BC} &= p\,b\,\overline{R}_{BC} = p\,b\left\{(-\overline{V}_y)_{y=b}+\overline{Q}_{BC}\right\}.
\end{aligned}
\right\}
\tag{44}
$$

II. Die auf der ganzen Fläche des Rechtecks gleichmäßig belastete Platte.

Da in diesem Falle

$$\alpha = \beta = 0$$

ist, erhält man aus (35b) folgende Formel:

$$
\left.
\begin{aligned}
\overline{\zeta}_0 &= \frac{1}{24K^2}\left(\frac{y^4}{b^4}-\frac{2y^3}{b^3}+\frac{y}{b}\right)+2\sum_n \frac{H_{n\xi}^{(-1)}+G_{n\xi}^{(-1)}}{n^5\pi^5}\,\mathrm{Sin}\,\frac{n\pi}{b}\,y \\[2mm]
&= \sum_n \frac{1}{n^5\pi^5}\left\{\frac{4}{K^2}+2\left(H_{n\xi}^{(-1)}+G_{n\xi}^{(-1)}\right)\right\}\mathrm{Sin}\,\frac{n\pi}{b}\,y
\end{aligned}
\right\}
\tag{45a}
$$

worin

$$n = 1,\,3,\,5,\,7\ldots\infty.$$

Für die isotrope Platte ist $K = K' = 1$, und es folgt aus der Formel (30):

$$
H_{n\xi}^{(-1)}+G_{n\xi}^{(-1)} = \frac{1}{\mathfrak{Sin}^2\,\alpha_n}
$$
$$
\times\left\{-2\,\mathfrak{Sin}\,\alpha_n\,\mathfrak{Sin}\,\alpha_n(1-\xi)-\alpha_n\xi\,\mathfrak{Cos}\,\alpha_n\,\mathfrak{Sin}\,\alpha_n(1-\xi)+\alpha_n(1-\xi)\,\mathfrak{Sin}\,\alpha_n\xi\right.
$$
$$
\left.-2\,\mathfrak{Sin}\,\alpha_n\,\mathfrak{Sin}\,\alpha_n\xi-\alpha_n(1-\xi)\,\mathfrak{Cos}\,\alpha_n\,\mathfrak{Sin}\,\alpha_n\xi+\alpha_n\xi\,\mathfrak{Sin}\,\alpha_n(1-\xi)\right\}
$$
$$
= -\frac{1}{1+\mathfrak{Cos}\,\alpha_n}\left\{4\,\mathfrak{Cos}\,\frac{\alpha_n}{2}\,\mathfrak{Cos}\,\alpha_n\left(\frac{1}{2}-\xi\right)+\alpha_n\xi\,\mathfrak{Sin}\,\alpha_n(1-\xi)+\alpha_n(1-\xi)\,\mathfrak{Sin}\,\alpha_n\xi\right\}.
$$

Somit geht (45a) in die folgende Form über:

$$\bar\zeta_0 = 4 \sum_n \frac{\mathrm{Sin}\,\dfrac{n\pi}{b}\,y}{n^5\,\pi^5} \left. \times \left\{1 - \frac{2\,\mathfrak{Cof}\,\dfrac{\alpha_n}{2}\,\mathfrak{Cof}\,\alpha_n\left(\dfrac{1}{2}-\xi\right) + \dfrac{\alpha_n}{2}\,\xi\,\mathfrak{Sin}\,\alpha_n\,(1-\xi) + \dfrac{\alpha_n}{2}\,(1-\xi)\,\mathfrak{Sin}\,\alpha_n\,\xi}{1+\mathfrak{Cof}\,\alpha_n}\right\}\right\} \quad (45\,\mathrm{b})$$
$$n = 1,\,3,\,5,\,7\ldots\infty.$$

Wird der Anfangspunkt des Koordinatensystems $(x,\,y)$ auf den Punkt $\left(\dfrac{a}{2},\,0\right)$ verschoben, so muß man $\dfrac{1}{2}+\xi$ an Stelle von ξ in (45b) setzen. Die Durchbiegung wird hierbei durch folgende Formel angegeben.

$$\zeta = \frac{4\,p\,b^4}{N_x} \sum \frac{\mathrm{Sin}\,\dfrac{n\,\pi}{b}\,y}{n^5\,\pi^5} \times \left(1 - \frac{2\,\mathfrak{Cof}\,\dfrac{\alpha_n}{2}\,\mathfrak{Cof}\,\alpha_n\,\xi + \dfrac{\alpha_n}{2}\,\mathfrak{Sin}\,\dfrac{\alpha_n}{2}\,\mathfrak{Cof}\,\alpha_n\,\xi - \alpha_n\,\xi\,\mathfrak{Cof}\,\dfrac{\alpha_n}{2}\,\mathfrak{Sin}\,\alpha_n\,\xi}{1+\mathfrak{Cof}\,\alpha_n}\right). \quad (45\,\mathrm{c})$$

Wenn man ferner a mit b und x mit y vertauscht, geht (45c) in die Nádaische Formel[1] über. Sowohl die von H. Hencky[2] als auch die von T. Inada[3] vorgeschlagenen Gleichungen für die elastische Fläche der freiaufliegenden rechteckigen Platte sind der von dem Verfasser abgeleiteten Formel (45b) oder (45c) gleich. In der Tat kann die Gleichung für die elastische Fläche der rechteckigen Platten von gleicher Belastung und gleicher Randbedingung durch verschiedene Formen der einfachen Reihen ausgedrückt werden. Ändert man aber die verschiedenen Formen obiger Gleichung nach den Formeln (24) und (26) in die Doppelreihen um, so kann man beweisen, daß jede entstandene Gleichung immer in eine und dieselbe Gleichung, in die wohlbekannte Formel von Navier

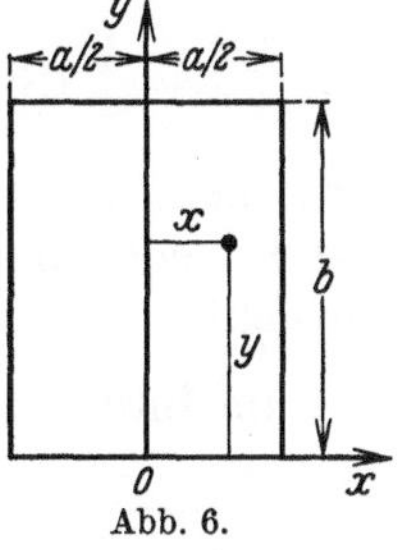

Abb. 6.

$$\zeta_0 = \frac{16\,p\,a^4}{N_x} \sum_m \sum_n \frac{1}{m\,n\,\pi^2\,\varrho_{mn}} \,\mathrm{Sin}\,\frac{m\,\pi}{a}\,x\,\mathrm{Sin}\,\frac{n\,\pi}{b}\,y$$
$$m,\,n = 1,\,3,\,5,\,7,\,\ldots,\,\infty \qquad (45\,\mathrm{d})$$

worin
$$\varrho_{mn} = (m^2\,\pi^2 + \alpha_n^2)^2$$

übergeht, die auch aus (34) oder (35a) leicht abgeleitet werden kann.

---

[1] Nádai, A.: Elastische Platten, S. 123.

[2] Hencky, H.: Der Spannungszustand in rechteckigen Platten, S. 14.

[3] Inada, T.: Die Berechnung auf vier Seiten gestützter rechteckiger Platten, S. 3.

Die Formeln für die Biegungs- und Torsionsmomente, Scherkräfte, usw. können unmittelbar aus (38a), (39) usw. abgeleitet werden, wenn man nur α und β in den entsprechenden Formeln gleich Null setzt.

III. Die partiell gleichmäßig belastete Platte.

Aus den Formeln (21) und (34) erhält man die Gleichung

$$\bar{\zeta}_0 = \frac{16\,a^4}{b^4} \sum_m \sum_n \frac{S_n}{m\,n\,\pi^2\,\varrho_{m\,n}} \operatorname{Sin} \frac{m\,\pi}{a}\,x_0 \operatorname{Sin} \frac{m\,\pi}{a}\,u \operatorname{Sin} \frac{m\,\pi}{a}\,x$$

$$m,\,n = 1,\,2,\,3,\,4,\,\ldots,\,\infty \tag{46a}$$

worin

$$S_n = \operatorname{Sin} \frac{n\,\pi}{b}\,y_0 \operatorname{Sin} \frac{n\,\pi}{b}\,v \operatorname{Sin} \frac{n\,\pi}{b}\,y.$$

Für einen Sonderfall, wo $K = K' = 1$ ist, geht (46a) auch in die bekannte Formel von Navier[1] über.

Setzt man

$$\frac{x_0 - u + x}{a} \equiv \xi_1, \qquad \frac{x_0 - u - x}{a} \equiv \xi_2$$

$$\frac{x_0 + u + x}{a} \equiv \xi_3, \qquad \frac{x_0 + u - x}{a} \equiv \xi_4 \tag{46b}$$

so ist

$$\operatorname{Sin} \frac{m\,\pi}{a}\,x_0 \operatorname{Sin} \frac{m\,\pi}{a}\,u \operatorname{Sin} \frac{m\,\pi}{a}\,x$$

$$= \frac{1}{4} \left(\operatorname{Sin} m\,\pi\,\xi_1 - \operatorname{Sin} m\,\pi\,\xi_2 - \operatorname{Sin} m\,\pi\,\xi_3 + \operatorname{Sin} m\,\pi\,\xi_4 \right).$$

Hierbei werden die Gleichungen der elastischen Flächen für die drei verschiedenen Gebiete des Rechtecks durch folgende Formeln ausgedrückt:

im Intervall $0 \leqq x \leqq x_0 - u$,

$$\bar{\zeta}_0 = \sum_n \frac{S_n}{n^5\,\pi^5} \left(H_{n\,\xi_1}^{(-1)} - H_{n\,\xi_2}^{(-1)} - H_{n\,\xi_3}^{(-1)} + H_{n\,\xi_4}^{(-1)} \right)$$

$$n = 1,\,2,\,3,\,4,\,\ldots,\,\infty$$

im Intervall $x_0 - u \leqq x \leqq x_0 + u$,

$$\bar{\zeta}_0 = \sum_n \frac{S_n}{n^5\,\pi^5} \left(H_{n\,\xi_1}^{(-1)} + H_{n\,(-\xi_2)}^{(-1)} - H_{n\,\xi_3}^{(-1)} + H_{n\,\xi_4}^{(-1)} + \frac{4}{K^2} \right)^* \tag{46c}$$

im Intervall $x_0 + u \leqq x \leqq a$,

$$\bar{\zeta}_0 = \sum_n{}' \frac{S_n}{n^5\,\pi^5} \left(H_{n\,\xi_1}^{(-1)} + H_{n\,(-\xi_2)}^{(-1)} - H_{n\,\xi_3}^{(-1)} - H_{n\,(-\xi_4)}^{(-1)} \right).$$

---

[1] Nádai, A.: Elastische Platten, S. 119.

* Da die Beziehungen in (24) nur für die positive Größe von $\dfrac{x}{a}$ existieren, während $\xi_2 = \dfrac{x_0 - u - x}{a}$ hierbei negativ ist, wird die fünfte Formel von (24)

Für eine isotrope Platte wird nach (30) die erste Gleichung der Formel (46c) wie folgt umgeformt:

im Intervall $0 \leq x \leq x_0 - u$,

$$\bar{\zeta}_0 = 4 \sum_n \frac{S_n}{n^5 \pi^5 \, \mathfrak{Sin}^2 \alpha_n} \Bigg[2 \, \mathfrak{Sin}\, \alpha_n \, \mathfrak{Sin}\, \alpha_n \, \xi \, \mathfrak{Sin}\, \alpha_n \left(1 - \frac{x_0}{a}\right) \mathfrak{Sin}\, \frac{\alpha_n u}{a}$$

$$+ \alpha_n \, \mathfrak{Cof}\, \alpha_n \left\{ - \frac{u}{a}\, \mathfrak{Cof}\, \alpha_n \left(1 - \frac{x_0}{a}\right) \mathfrak{Sin}\, \alpha_n \, \xi \, \mathfrak{Cof}\, \frac{\alpha_n u}{a} \right.$$

$$+ \left(\frac{x_0}{a}\, \mathfrak{Sin}\, \alpha_n \left(1 - \frac{x_0}{a}\right) \mathfrak{Sin}\, \alpha_n \, \xi - \xi \, \mathfrak{Cof}\, \alpha_n \left(1 - \frac{x_0}{a}\right) \mathfrak{Cof}\, \alpha_n \, \xi \right) \mathfrak{Sin}\, \frac{\alpha_n u}{a} \bigg\}$$

$$+ \alpha_n \left\{ \frac{u}{a}\, \mathfrak{Cof}\, \frac{\alpha_n u}{a}\, \mathfrak{Sin}\, \alpha_n \, \xi \, \mathfrak{Cof}\, \frac{\alpha_n x_0}{a} \right.$$

$$+ \left(\xi \, \mathfrak{Cof}\, \alpha_n \, \xi \, \mathfrak{Cof}\, \frac{\alpha_n x_0}{a} - \left(1 - \frac{x_0}{a}\right) \mathfrak{Sin}\, \alpha_n \, \xi \, \mathfrak{Sin}\, \frac{\alpha_n x_0}{a} \right) \mathfrak{Sin}\, \frac{\alpha_n u}{a} \bigg\} \Bigg]. \quad (47)$$

Bezeichnet man mit P die Gesamtlast auf der Belastungsfläche $4uv$, so wird

$$p = \frac{P}{4\,u\,v}.$$

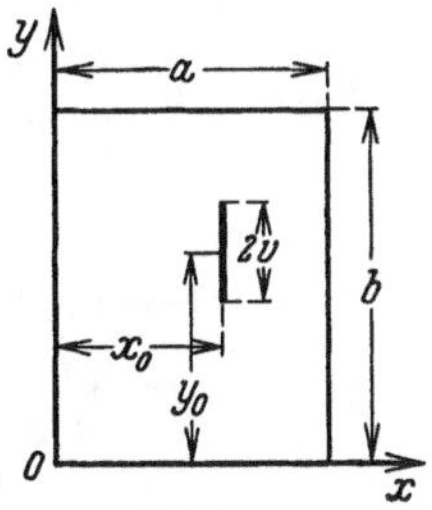

Ferner ist

$$\operatorname*{Lim}_{u \to 0} \frac{\mathfrak{Sin}\, \dfrac{\alpha_n u}{a}}{\dfrac{u}{a}} = \alpha_n, \qquad \operatorname*{Lim}_{u \to 0} \mathfrak{Cof}\, \frac{\alpha_n u}{a} = 1 \,.$$

Somit lautet die Durchbiegung für eine linear belastete Platte (Abb. 7) wie folgt:

Abb. 7.

$$\zeta = \frac{P\,b^3}{v\,N} \sum_n \frac{S_n}{n^4 \pi^4 \, \mathfrak{Sin}^2 \alpha_n} \Bigg[\left\{ \mathfrak{Sin}\, \alpha_n \, \mathfrak{Sin}\, \alpha_n \left(1 - \frac{x_0}{a}\right) - \alpha_n \, \mathfrak{Sin}\, \frac{\alpha_n x_0}{a} \right\} \mathfrak{Sin}\, \alpha_n \, \xi$$

$$+ \frac{\alpha_n x_0}{a} \left\{ \mathfrak{Cof}\, \alpha_n \, \mathfrak{Sin}\, \alpha_n \left(1 - \frac{x_0}{a}\right) + \mathfrak{Sin}\, \frac{\alpha_n x_0}{a} \right\} \mathfrak{Sin}\, \alpha_n \, \xi$$

$$- \alpha_n \, \xi \left\{ \mathfrak{Cof}\, \alpha_n \, \mathfrak{Cof}\, \alpha_n \left(1 - \frac{x_0}{a}\right) - \mathfrak{Cof}\, \frac{\alpha_n x_0}{a} \right\} \mathfrak{Cof}\, \alpha_n \, \xi \Bigg]. \qquad (48)$$

Für $\xi = \dfrac{x_0}{a}$, d.h. für $x = x_0$,

$$\zeta = \frac{P\,b^3}{v\,N} \sum_n \frac{S_n}{n^4 \pi^4 \, \mathfrak{Sin}^2 \alpha_n} \Bigg[\left\{ \mathfrak{Sin}\, \alpha_n \, \mathfrak{Sin}\, \alpha_n \left(1 - \frac{x_0}{a}\right) - \alpha_n \, \mathfrak{Sin}\, \frac{\alpha_n x_0}{a} \right\} \mathfrak{Sin}\, \frac{\alpha_n x_0}{a}$$

$$- \frac{\alpha_n x_0}{a}\, \mathfrak{Sin}\, \alpha_n \, \mathfrak{Sin}\, \alpha_n \left(1 - \frac{2\,x_0}{a}\right) \Bigg]. \qquad (49)$$

---

wie folgt:

$$\sum_m{}' \frac{1}{m\,\pi\,\varrho_{mn}}\, \operatorname{Sin} m\,\pi\,\xi_2 = - \sum_m \frac{1}{m\,\pi\,\varrho_{mn}}\, \operatorname{Sin} m\,\pi\,(-\xi_2)$$

$$= - \frac{1}{4\,\alpha_n^4} \left\{ H_n^{(-1)}(-\xi_2) + \frac{2}{K^2}(1 + \xi_2) \right\}.$$

Für $x = x_0$ und $x_0 = \dfrac{a}{2}$,

$$\zeta = \frac{P\,b^3}{4\,v\,N} \sum_n \frac{\mathfrak{Sin}\,\alpha_n - \alpha_n}{n^4\,\pi^4\,\mathfrak{Cof}^2\dfrac{\alpha_n}{2}}\,S_n. \tag{50}$$

Die Formeln (46a) und (46c) gelten auch für die durch eine konzentrierte Last in einem beliebigen Punkt verbogene Platte, wenn man die Werte von u und v klein genug annimmt.

Die Biegungsmomente M_x in den drei Intervallen von x können durch folgende Formeln berechnet werden:

im Intervall $0 \leqq x \leqq x_0 - u$,

$$M_x = p\,b^2 \sum_n \frac{S_n}{n^3\,\pi^3} \Big\{ H^{(1)}_{n\,\xi_1} - H^{(1)}_{n\,\xi_2} - H^{(1)}_{n\,\xi_3} + H^{(1)}_{n\,\xi_4}$$
$$+ \frac{1}{\mu_2}\big(H^{(-1)}_{n\,\xi_1} - H^{(-1)}_{n\,\xi_2} - H^{(-1)}_{n\,\xi_3} + H^{(-1)}_{n\,\xi_4}\big)\Big\}$$
$$n = 1, 2, 3, 4 \ldots \infty$$

im Intervall $x_0 - x \leqq x \leqq x_0 + u$,

$$M_x = p\,b^2 \sum_n \frac{S_n}{n^3\,\pi^3} \Big\{ H^{(1)}_{n\,\xi_1} + H^{(1)}_{n\,(-\xi_2)} - H^{(1)}_{n\,\xi_3} + H^{(1)}_{n\,\xi_4}$$
$$+ \frac{1}{\mu_2}\Big(H^{(-1)}_{n\,\xi_1} + H^{(-1)}_{n\,(-\xi_2)} - H^{(-1)}_{n\,\xi_3} + H^{(-1)}_{n\,\xi_4} + \frac{4}{K^2}\Big)\Big\}$$

im Intervall $x_0 - u \leqq x \leqq a$,

$$M_x = p\,b^2 \sum_n \frac{S_n}{n^3\,\pi^3} \Big\{ H^{(1)}_{n\,\xi_1} + H^{(1)}_{n\,(-\xi_2)} - H^{(1)}_{n\,\xi_3} - H^{(1)}_{n\,(-\xi_4)}$$
$$+ \frac{1}{\mu_2}\big(H^{(-1)}_{n\,\xi_1} + H^{(-1)}_{n\,(-\xi_2)} - H^{(-1)}_{n\,\xi_3} - H^{(-1)}_{n\,(-\xi_4)}\big)\Big\}. \tag{51}$$

Setzt man $\dfrac{x_0}{a} = \dfrac{y_0}{b} = \dfrac{y}{b} = \dfrac{1}{2}$ und $x = x_0 - u$ für eine isotrope Platte, so erhält man

$$\xi_1 = 1 - \frac{2\,u}{a}, \qquad \xi_2 = 0, \qquad \xi_3 = 1, \qquad \xi_4 = \frac{2\,u}{a}$$
$$H^{(1)}_{n\,\xi_2} = H^{(1)}_{n\,\xi_3} = H^{(-1)}_{n\,\xi_3} = 0, \qquad H^{(-1)}_{n\,\xi_2} = -2$$

und

$$S_n = \mathrm{Sin}^2\frac{n\,\pi}{2}\,\mathrm{Sin}\,\frac{n\,\pi}{b}\,v = \mathrm{Sin}\,\frac{n\,\pi}{b}\,v, \qquad \text{für } n = 1, 3, 5 \ldots \infty,$$
$$= 0, \qquad\qquad \text{für } n = 2, 4, 6 \ldots \infty.$$

Somit wird die erste Gleichung von (51) wie folgt umgeformt:

$$M_x = M_{x\,F}$$
$$= \frac{P\,b^2}{2\,u\,v} \sum_n \frac{\mathrm{Sin}\,\dfrac{n\,\pi}{b}\,v}{n^3\,\pi^3\,(1 + \mathfrak{Cof}\,\alpha_n)}\Big[\alpha_n \Big\{ \frac{u}{a}\,\mathfrak{Sin}\,\alpha_n\Big(1 - \frac{2\,u}{a}\Big) + \Big(\frac{1}{2} - \frac{u}{a}\Big)\mathfrak{Sin}\,\frac{2\,\alpha_n\,u}{a}\Big\}$$
$$+ \frac{1}{\mu}\Big\{ 4\,\mathfrak{Cof}\,\frac{\alpha_n}{2}\,\mathfrak{Sin}\,\alpha_n\Big(\frac{1}{2} - \frac{u}{a}\Big)\mathfrak{Sin}\,\frac{\alpha_n\,u}{a}$$
$$- \frac{\alpha_n\,u}{a}\,\mathfrak{Sin}\,\alpha_n\Big(1 - \frac{2\,u}{a}\Big) - \alpha_n\Big(\frac{1}{2} - \frac{u}{a}\Big)\mathfrak{Sin}\,\frac{2\,\alpha_n\,u}{a}\Big\}\Big] \tag{52}$$

worin $\qquad P = 4\,p\,u\,v, \qquad n = 1, 3, 5, 7 \ldots \infty,$

Das ist das Biegungsmoment an dem Punkt F in Abb. 8. Bezeichnet man mit M_{xE} das an dem Mittelpunkt E (Abb. 8) eintretende Biegungsmoment, so erhält man

$$M_{xE} = \frac{P\,b^2}{2\,u\,v} \sum_n \frac{\mathrm{Sin}\,\frac{n\,\pi}{b}\,v}{n^3\,\pi^3\,(1+\mathrm{Cof}\,\alpha_n)} \left[\alpha_n \left\{ \frac{u}{a}\,\mathrm{Sin}\,\alpha_n \left(1-\frac{u}{a}\right) \right.\right.$$

$$\left. + \left(1-\frac{u}{a}\right)\mathrm{Sin}\,\frac{\alpha_n\,u}{a} \right\} + \frac{1}{\mu}\left\{ 8\,\mathrm{Cof}\,\frac{\alpha_n}{2}\,\mathrm{Sin}\,\frac{\alpha_n}{2}\left(1-\frac{u}{a}\right)\mathrm{Sin}\,\frac{\alpha_n\,u}{2\,a} \right.$$

$$\left.\left. - \frac{\alpha_n\,u}{a}\,\mathrm{Sin}\,\alpha_n\left(1-\frac{u}{a}\right) - \alpha_n\left(1-\frac{u}{a}\right)\mathrm{Sin}\,\frac{\alpha_n\,u}{a} \right\} \right]$$

$$n = 1, 3, 5, 7, \ldots, \infty, \tag{53}$$

mit Rücksicht auf die Beziehung

$$\frac{x_0}{a} = \frac{x}{a} = \frac{y_0}{b} = \frac{y}{b} = \frac{1}{2},$$

und folglich auch auf

$$\xi_1 = 1 - \frac{u}{a}, \qquad -\xi_2 = \xi_4 = \frac{u}{a},$$

$$\xi_3 = 1 + \frac{u}{a}.$$

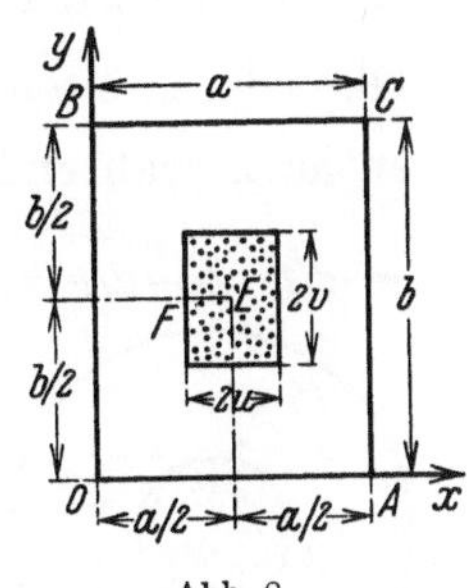

Abb. 8.

Wählt man als Zahlenbeispiel eine quadratische Platte mit $\mu = \frac{10}{3}$, so ergeben sich die den verschiedenen Größen von $\frac{u}{a}$ entsprechenden Werte von M_{xF} und M_{xE} für $P = 1$ und $v = u$ wie folgt:

Tabelle 1 (siehe Abb. 10).

$\frac{u}{a}$	M_{xF}	M_{xE}	$\frac{u}{a}$	M_{xF}	M_{xE}
0.500	0.0000	0.0460	0.150	0.1206	0.1714
0.400	0.0257	0.0694	0.100	0.1607	0.2136
0.300	0.0542	0.0989	0.050	0.2286	0.2784
0.250	0.0713	0.1179	0.025	0.2859	0.3238
0.200	0.0927	0.1411			

Der Verlauf des M_{xF} und M_{xE} wird auch durch Abb. 10 dargestellt. Da ferner

$$\lim_{v\to 0} \frac{\mathrm{Sin}\,\frac{n\,\pi}{b}\,v}{v} = \frac{n\,\pi}{b}, \qquad \lim_{u\to 0} \frac{\mathrm{Sin}\,\frac{2\,\alpha_n\,u}{a}}{u} = \frac{2\,n\,\pi}{b},$$

$$\lim_{u\to 0} \frac{\mathrm{Sin}\,\frac{\alpha_n\,u}{a}}{u} = \frac{n\,\pi}{b}$$

ist, streben beide Momente $\mathrm{Lim}\limits_{\substack{u\to 0 \\ v\to 0}} M_{xF}$ und $\mathrm{Lim}\limits_{\substack{u\to 0 \\ v\to 0}} M_{xE}$ gegen einen und denselben Grenzwert

$$M_{x0} = \frac{P}{2}\sum{}' \frac{1}{n\pi}\left\{\left(1+\frac{1}{\mu}\right)\mathfrak{Tg}\,\frac{\alpha_n}{2} + \frac{\alpha_n}{2}\left(1-\frac{1}{\mu}\right)\mathfrak{Sec}^2\frac{\alpha_n}{2}\right\}$$

$$= \frac{P}{2}\left(1+\frac{1}{\mu}\right)\sum\frac{1}{n\pi} + \frac{P}{2}\sum\frac{1}{n\pi}\left\{\frac{\alpha_n}{2}\left(1-\frac{1}{\mu}\right)\mathfrak{Sec}^2\frac{\alpha_n}{2}\right.$$

$$\left. - \left(1+\frac{1}{\mu}\right)\left(1-\mathfrak{Tg}\,\frac{\alpha_n}{2}\right)\right\}, \quad (54)$$

worin $n = 1, 3, 5, 7, \ldots, \infty$.

Das ist das Biegungsmoment am Mittelpunkt der Platte, die durch eine auf diesen Punkt wirkende Einzellast verbogen wird. Da das erste Glied des zweiten Ausdrucks von (54) in sich eine divergente Reihe $\sum\dfrac{1}{n\pi}$ enthält, während das zweite schnell konvergiert, wächst der Wert

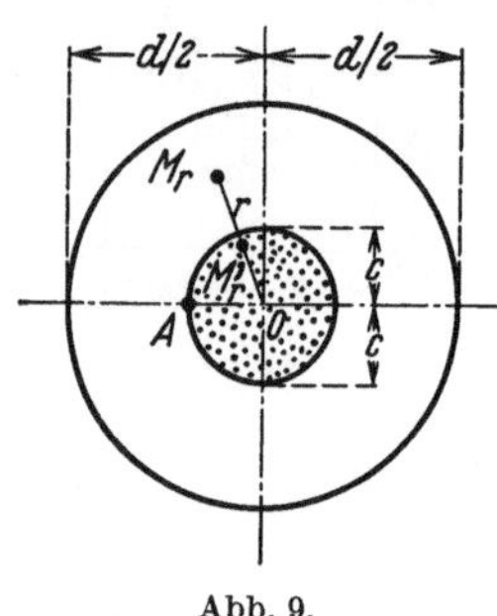

Abb. 9.

von M_{x0} ins Unbegrenzte; somit eignet sich die Formel (54) nicht für den praktischen Gebrauch. Im allgemeinen liefert die Lösung für die durch eine Punktbelastung verbogene Platte immer eine unendlich große Spannung an ihrem Angriffspunkt wegen der „Singularität" an demselben Punkte[1]. In der Praxis gibt es aber zum Glück keine solche Einzellast, die an einem mathematischen Punkte angreift, und man kann daher annehmen, daß die sogenannte „Einzellast" sich auf eine genügend kleine Druckfläche verteilt. Begnügt man sich mit dieser Annahme, so kann man die Spannung durch die vorangehenden Formeln, natürlich ausschließlich (54), berechnen.

Das radiale Biegungsmoment in einer frei aufliegenden kreisförmigen Platte, die durch eine auf einem konzentrischen Kreis gleichmäßig verteilte Belastung verbogen wird, wird durch folgende Gleichungen gegeben[2]:

$$\left.\begin{aligned}
M_r &= \frac{P}{4\pi}\left\{\left(1+\frac{1}{\mu}\right)\ln\frac{d}{2r} + \frac{1}{4}\left(1-\frac{1}{\mu}\right)\left(\frac{c^2}{r^2}-\frac{4c^2}{d^2}\right)\right\} \quad r\gtreqless c \\
M_r' &= \frac{P}{4\pi}\left\{\left(1+\frac{1}{\mu}\right)\ln\frac{d}{2c} + 1 - \frac{c^2}{d^2}\left(1-\frac{1}{\mu}\right) - \frac{r^2}{4c^2}\left(3+\frac{1}{\mu}\right)\right\}. \quad r\lesseqgtr c
\end{aligned}\right\} \quad (55)$$

Hierin bedeutet M_r bzw. M_r' das außerhalb bzw. innerhalb der Druckfläche eintretende Biegungsmoment, wie die Abb. 9 zeigt. Bezeichnet man ferner mit M_{rA} ($=M_{rA}'$) bzw. M_{r0}' das am Rande bzw. in der

[1] Nádai, A.: Elastische Platten, S. 60 u. 119.
[2] Nádai, A.: Elastische Platten, S. 59.

Mitte der Druckfläche eintretende radiale Biegungsmoment, so lautet

$$
\begin{aligned}
M_{rA} = M'_{rA} &= \frac{P}{4\pi}\left\{\left(1 + \frac{1}{\mu}\right)\ln\frac{d}{2c} + \frac{1}{4}\left(1 - \frac{1}{\mu}\right)\left(1 - \frac{4c^2}{d^2}\right)\right\} \\
&= P\left\{0{,}23820\log_{10}\frac{d}{2c} + 0{,}01393\left(1 - \frac{4c^2}{d^2}\right)\right\} \quad \text{für} \quad \mu = \frac{10}{3} \\
M'_{r0} &= \frac{P}{4\pi}\left\{\left(1 + \frac{1}{\mu}\right)\ln\frac{d}{2c} + 1 - \frac{c^2}{d^2}\left(1 - \frac{1}{\mu}\right)\right\}.
\end{aligned}
\tag{56}
$$

Tabelle 2 zeigt die den verschiedenen Größen von $\frac{r}{d}$ und $\frac{c}{d}$ entsprechenden Werte von M'_r für $P = 1$ und $\mu = \frac{10}{3}$.

Tabelle 2 (siehe Abb. 10).

$\dfrac{r}{d}$	$\dfrac{c}{d} = 0.5$	$\dfrac{c}{d} = 0.4$	$\dfrac{c}{d} = 0.3$	$\dfrac{c}{d} = 0.25$	$\dfrac{c}{d} = 0.20$
0.500	0.0000	—	—	—	—
0.400	0.0236	0.0281	—	—	—
0.300	0.0420	0.0568	0.0618	—	—
0.250	0.0492	0.0681	0.0818	0.0822	—
0.200	0.0552	0.0773	0.0982	0.1058	0.1065
0.150	0.0597	0.0845	0.1110	0.1242	0.1352
0.100	0.0630	0.0897	0.1201	0.1373	0.1557
0.050	0.0650	0.0927	0.1256	0.1452	0.1680
0.025	0.0655	0.0935	0.1270	0.1472	0.1711
0.000	0.0657	0.0938	0.1274	0.1478	0.1721

$\dfrac{r}{d}$	$\dfrac{c}{d} = 0.15$	$\dfrac{c}{d} = 0.10$	$\dfrac{c}{d} = 0.05$	$\dfrac{c}{d} = 0.025$	$\dfrac{c}{d} = 0.000$
0.500	—	—	—	—	—
0.400	—	—	—	—	—
0.300	—	—	—	—	—
0.250	—	—	—	—	—
0.200	—	—	—	—	—
0.150	0.1372	—	—	—	—
0.100	0.1737	0.1799	—	—	—
0.050	0.1956	0.2991	0.2520	—	—
0.025	0.2011	0.2414	0.3012	0.3238	—
0.000	0.2029	0.2455	0.3176	0.3894	0.5560

Die erste Zahl in jeder Spalte der obigen Tabelle zeigt die den verschiedenen Größen von $\frac{c}{d}\left(= \frac{r}{d}\right)$ entsprechenden Werte von $M_{rA}\,(=M'_{rA})$ an. Aus den Tabellen 1 und 2 und Abb. 10 erkennt man leicht, daß, je kleiner das Verhältnis $\frac{u}{a}\left(= \frac{c}{d}\right)$ ist, desto mehr nähern sich die Größen von M_{xE} für die Quadratplatte und von M'_{r0} für die Kreisplatte einander. Z. B.

$$
100 \times \frac{M'_{r0} - M_{xE}}{M'_{r0}} = 100 \times \frac{0.0657 - 0.0460}{0.0657} \doteq 30.0\,\%, \quad \text{für } \frac{u}{a} = \frac{c}{d} = 0.500,
$$

$$
= 100 \times \frac{0.3894 - 0.3238}{0.3894} \doteq 16.8\,\%, \quad \text{für } \frac{u}{a} = \frac{c}{d} = 0.025.
$$

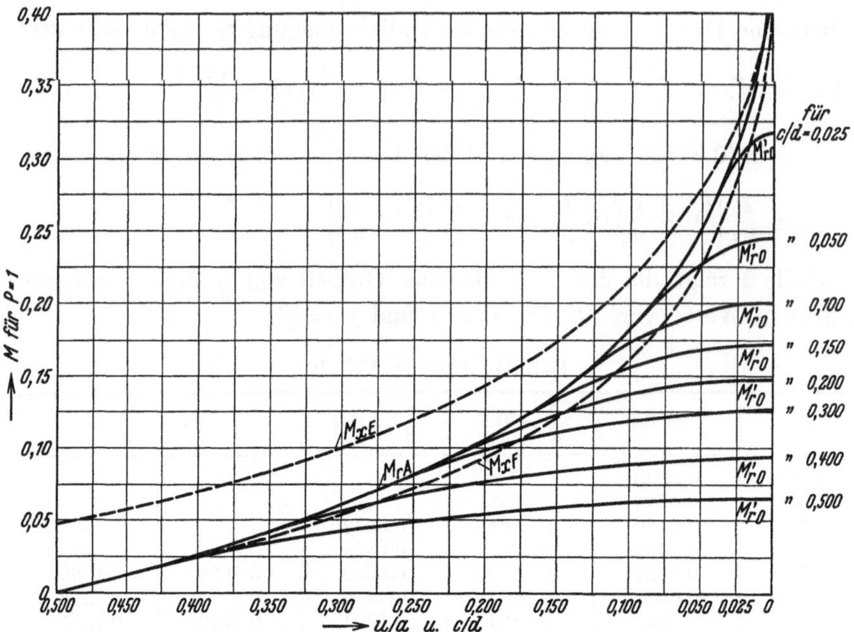

Abb. 10. Verlauf des Biegungsmoments M_{xE} und M_{xF} in einer freiaufliegenden quadratischen Platte und M_{rA} und M'_{r0} in einer freiaufliegenden kreisförmigen Platte.

Aus der zweiten Gleichung von (55) erhält man

$$(M'_r)_{r=c} = M_{rA} = \frac{P}{4\pi}\left\{\left(1 + \frac{1}{\mu}\right)\ln\frac{d}{2c} + \frac{1}{4}\left(1 - \frac{1}{\mu}\right)\left(1 - \frac{4c^2}{d^2}\right)\right\}$$

$$= \frac{P}{2\pi}\left(1 + \frac{1}{\mu}\right)\left\{\frac{d/2-c}{d/2+c} + \frac{1}{3}\left(\frac{d/2-c}{d/2+c}\right)^3 + \frac{1}{5}\left(\frac{d/2-c}{d/2+c}\right)^5 + \cdots\right\}$$

$$+ \frac{P}{16\pi}\left(1 - \frac{1}{\mu}\right)\left(1 - \frac{4c^2}{d^2}\right).$$

daher $\operatorname*{Lim}\limits_{c\to0} M_{rA} = \operatorname*{Lim}\limits_{c\to0} M'_{r0} = \frac{P}{2\pi}\left(1 + \frac{1}{\mu}\right)\sum\frac{1}{n} + \frac{P}{16\pi}\left(1 - \frac{1}{\mu}\right).$

Diese Gleichung divergiert offenbar ebenfalls und entspricht der zweiten Gleichung von (54) mit einem Unterschied in ihren zweiten Gliedern, welche endliche Größen haben.

§ 8. Die Platte, deren drei Seiten frei aufliegen, während eine übrige vollkommen frei ist.

Ist die Seite $x = a$ frei, so folgt aus (11)

$$C'_{mn} = C'''_{mn} = 0, \qquad C''_{mn} = \frac{6\mu_2}{\alpha_n^2}C_{mn},$$

$$A_n = \sum_r C_{rn}A_{rn}, \quad A'_n = B_m = B'_m = \varDelta_{mn} = 0,$$

$$\sum_r C''_{rn}A_{rn} = \frac{6\mu_2}{\alpha_n^2}\sum_r C_{rn}A_{rn} = \frac{6\mu_2}{\alpha_n^2}A_n.$$

Hierdurch ergibt sich die Gleichung von A_{mn} wie folgt:

$$A_{mn} + \frac{4(-1)^m \alpha_n^2}{\varrho_{mn}}\left(\frac{K^2\alpha_n^2}{m^2\pi^2} + 2K'^2 - \mu_2 K^2\right)\sum_r C_{rn}A_{rn} = \frac{a^4 mn\pi^2 R_{mn}}{b^4 \varrho_{mn}}. \quad (57)$$

Multipliziert man die beiden Seiten von (57) mit C_{mn}, und nimmt die Summe $\sum\limits_{m=1}^{\infty}\left(=\sum\limits_{r=1}^{\infty}\right)$, so erhält man:

$$\left\{1 + 4\alpha_n^2 \sum_r \frac{(-1)^r C_{rn}\left(\dfrac{K^2\alpha_n^2}{r^2\pi^2} + 2K'^2 - \mu_2 K^2\right)}{\varrho_{rn}}\right\}\sum_r C_{rn}A_{rn} = \frac{a^4 n\pi}{b^4}\sum_r \frac{r\pi C_{rn}R_{rn}}{\varrho_{rn}}.$$

Mit Rücksicht auf den durch die Formel (11) gegebenen Wert von $C_{rn}\,(=C_{mn})$, kann man die Summen von den vorhergehenden unendlichen Reihen berechnen; das Ergebnis ist:

$$\left\{K^2\left(G_{n1}^{(-2)} + \varepsilon\, G_{n1}^{(0)}\right) + \left(2K'^2 - \mu_2 K^2\right)\left(G_{n1}^{(0)} + \varepsilon\, G_{n1}^{(2)}\right)\right\} A_n$$
$$= \frac{a^5 n^2\pi^2}{b^5}\sum_r \frac{(-1)^r r\pi}{\varrho_{rn}}\left(1 + \varepsilon\,\frac{r^2\pi^2}{\alpha_n^2}\right)R_{rn}. \quad (58)$$

Für eine hydrostatisch verteilte Druckbelastung $p_{xy} = p\left(1 + \alpha\,\dfrac{x}{a}\right)$ ist

$$R_{rn} = \frac{4}{rn\pi^2}\left\{1 - (-1)^r - \alpha\,(-1)^r\right\}\left\{1 - (-1)^n\right\},$$

und der unbekannte Beiwert A_n wird durch folgende Formel ausgedrückt:

$$\left.\begin{aligned}
A_n &= \frac{2a^2}{b^2 n^2\pi^2}\cdot\frac{H_{n1}^{(0)} - G_{n1}^{(0)} + \varepsilon\,(H_{n1}^{(2)} - G_{n1}^{(2)}) - \alpha\,(G_{n1}^{(0)} + \varepsilon\, G_{n1}^{(2)}) + \dfrac{2\alpha}{K^2\alpha_n}}{K^2\left(G_{n1}^{(-2)} + \varepsilon\, G_{n1}^{(0)}\right) + \left(2K'^2 - \mu_2 K^2\right)\left(G_{n1}^{(0)} + \varepsilon\, G_{n1}^{(2)}\right)}\\
&\qquad n = 1, 3, 5, 7\ldots\infty.
\end{aligned}\right\} \quad (59)$$

Setzt man $\alpha = 0$ in die Formel (59), so gilt sie für eine gleichmäßig belastete Platte.

Wenn man durch (59) die den verschiedenen Werten von n entsprechenden Größen von A_n ausrechnet, kann man die Durchbiegung im beliebigen Punkt durch folgende Formel berechnen[1]:

$$\left.\begin{aligned}
\zeta &= \frac{p\,b^4}{N_x}\,(\bar\zeta_0 + \bar\zeta_1)\\
\bar\zeta_1 &= -\frac{b^2}{a^2}\sum_n \frac{A_n\left(G_{n\xi}^{(1)} + \mu_2 K^2 G_{n\xi}^{(-1)}\right)}{n^3\pi^3}\,\mathrm{Sin}\,\frac{n\pi}{b}\,y\\
&\quad n = 1, 3, 5, 7\ldots\infty.
\end{aligned}\right\} \quad (60\,\mathrm{a})$$

---

[1] Hierbei ändert sich die Formel (4) bzw. (32b) in

$$\zeta = \frac{p\,b^4}{N_x}\sum_m \sum_n \frac{A_{mn}}{n\pi}\left[\frac{C_{mn}}{3}\left\{\frac{x^3}{a^3} + \left(\frac{6\mu_2}{\alpha_n^2} - 1\right)\frac{x}{a}\right\} + \frac{1}{m\pi}\,\mathrm{Sin}\,\frac{m\pi}{a}\,x\right]\mathrm{Sin}\,\frac{n\pi}{b}\,y$$

bzw.

$$\zeta = \frac{p\,b^4}{N_x}\sum_m \sum_n \left\{\frac{a^4 R_{mn}}{b^4\varrho_{mn}} + \frac{4(-1)^m}{mn\pi^2}\left(\frac{m^2\pi^2 + K^2\mu_2\alpha_n^2}{\varrho_{mn}} - \frac{\mu_2}{\alpha_n^2}\right)A_n\right\}\mathrm{Sin}\,\frac{m\pi}{a}\,x\,\mathrm{Sin}\,\frac{n\pi}{b}\,y.$$

Hierin bedeutet $\bar{\zeta}_0$ den Beiwert von der Durchbiegung ζ für die durch einen hydrostatischen Druck $p_{xy} = p\left(1 + \alpha\,\dfrac{x}{a}\right)$ belastete frei aufliegende Platte, der sich unmittelbar aus der Formel (35b) durch Einsetzen des Nullwertes von β ergibt.

Analog bestehen die Beiwerte von den Biegungs- und Torsionsmomenten, Scherkräften usw. immer aus zwei Teilen, von denen der eine direkt aus $\bar{\zeta}_0$ und der andere aus $\bar{\zeta}_1$ abgeleitet werden kann.

Aus der dritten, fünften und siebenten Formel von (25) erhält man:

$$\lambda^2 H_{n\,\xi}^{(-1)} + H_{n\,\xi}^{(1)} = -\frac{2\,\mathfrak{Sin}\,\lambda'\,\alpha_n\,(1-\xi)}{\lambda'^{\,2}\,\mathfrak{Sin}\,\lambda'\,\alpha_n}$$

und

$$\lambda^2 H_{n\,\xi}^{(-3)} + H_{n\,\xi}^{(-1)} = +\frac{2\,\mathfrak{Sin}\,\lambda'\,\alpha_n\,(1-\xi)}{\lambda'^{\,4}\,\mathfrak{Sin}\,\lambda'\,\alpha_n}\,.$$

Daraus und aus den Beziehungen

$$\lambda^2\,\lambda'^{\,2} = K^2 \quad \text{und} \quad \lambda^2 + \lambda'^{\,2} = 2\,K'^{\,2},$$

folgt

$$K^2 H_{n\,\xi}^{(-3)} + 2\,K'^{\,2} H_{n\,\xi}^{(-1)} + H_{n\,\xi}^{(1)} = 0\,.$$

Also auch

$$G_{n\,\xi}^{(1)} = -\,K^2 G_{n\,\xi}^{(-3)} - 2\,K'^{\,2} G_{n\,\xi}^{(-1)}\,.$$

Durch Einsetzen des vorangehenden Wertes von $G_{n\,\xi}^{(1)}$ in (60a) erhält man:

$$\left.\begin{aligned}
\bar{\zeta}_1 &= \frac{b^2}{a^2}\sum_n \frac{A_n\left\{K^2 G_{n\,\xi}^{(-3)} + (2\,K'^{\,2} - \mu_2 K^2)\,G_{n\,\xi}^{(-1)}\right\}}{n^3\,\pi^3}\,\mathrm{Sin}\,\frac{n\,\pi}{b}\,y \\
&\quad n = 1,\,3,\,5,\,7\ldots\infty\,.
\end{aligned}\right\} \quad (60\,\text{b})$$

Man kann beweisen, daß die Beziehung (58) die Bedingungsgleichung zeigt, durch welche die Randbedingung — die Auflagerkraft überall auf dem Rand $x = a$ muß verschwinden — erfüllt wird, wenn der Wert von $\bar{\zeta}_1$ durch die Formel (60b) gegeben ist.

§ 9. Die auf den vier Seiten vollkommen eingespannte Platte.

Da in diesem Fall $C''_{mn} = C'''_{mn} = 0$ ist, wird $\bar{\zeta}$ nach (33) durch folgende Formel dargestellt[1]:

$$\left.\begin{aligned}
\bar{\zeta} &= \bar{\zeta}_0 + \bar{\zeta}_1 \\
\bar{\zeta}_1 &= -\frac{b^2}{a^2}\sum_n \frac{A_n G_{n\,\xi}^{(1)} + A'_n H_{n\,\xi}^{(1)}}{n^3\,\pi^3}\,\mathrm{Sin}\,\frac{n\,\pi}{b}\,y - \frac{a^2}{b^2}\sum_m \frac{B_m G_{m\,\eta}^{(1)} + B'_m H_{m\,\eta}^{(1)}}{m^3\,\pi^3}\,\mathrm{Sin}\,\frac{m\,\pi}{a}\,x\,.
\end{aligned}\right\} \quad (61)$$

---

[1] Hierbei ändert sich die Formel (4) bzw. (32b) in

$$\zeta = \frac{p\,b^4}{N_x}\sum\sum A_{mn}\left\{\frac{x^3}{a^3} - \frac{2\,x^2}{a^2} + \frac{x}{a} + (-1)^m\left(\frac{x^3}{a^3} - \frac{x^2}{a^2}\right) - \frac{1}{m\,\pi}\,\mathrm{Sin}\,\frac{m\,\pi}{a}\,x\right\}$$

$$\times\left\{\frac{y^3}{b^3} - \frac{2\,y^2}{b^2} + \frac{y}{b} + (-1)^n\left(\frac{y^3}{b^3} - \frac{y^2}{b^2}\right) - \frac{1}{n\,\pi}\,\mathrm{Sin}\,\frac{n\,\pi}{b}\,y\right\}$$

$$m,\,n = 1,\,2,\,3,\,4\ldots\infty$$

Der Beiwert $\bar{\zeta}_0$ ist natürlich wie im letzten Falle derselbe für die frei aufliegende Platte. Aus (37), (39) und (61) kann man leicht die aus einem Teile $\bar{\zeta}_1$ von $\bar{\zeta}$ hervorgehenden Beiwerte $\overline{M}_x^{(1)}$, $\overline{M}_y^{(1)}$, $\overline{M}_{xy}^{(1)}$ usw. ableiten. Nun bleibt noch die wichtige Frage, wie die unbestimmten Beiwerte A_n, A_n', B_m und B_m' ausgerechnet werden können. Der Bequemlichkeit halber setzt man

$$A_n + A_n' = \bar{A}_n, \qquad -A_n + A_n' = \bar{A}_n' \ \Big\}$$
$$B_m + B_m' = \bar{B}_m, \qquad -B_m + B_m' = \bar{B}_m', \ \Big\} \tag{62a}$$

dann wird

$$A_n = \frac{\bar{A}_n - \bar{A}_n'}{2}, \qquad A_n' = \frac{\bar{A}_n + \bar{A}_n'}{2} \ \Big\}$$
$$B_m = \frac{\bar{B}_m - \bar{B}_m'}{2}, \qquad B_m' = \frac{\bar{B}_m + \bar{B}_m'}{2}. \ \Big\} \tag{62b}$$

Somit lautet die Gleichung für A_{mn} wie folgt:

$$A_{mn} + \frac{4}{m^2\pi^2}\Big\{(-1)^m \sum_r C_{rn} A_{rn} - \sum_r C_{rn}' A_{rn}\Big\}$$
$$+ \frac{4}{n^2\pi^2}\Big\{(-1)^n \sum_s D_s A_{ms} - \sum_s D_s' A_{ms}\Big\}$$
$$+ \frac{16\,\varDelta_{mn}}{m^2 n^2 \pi^4} + \frac{2\,m^2\pi^2}{\varrho_{mn}}\Big\{(1 - (-1)^m)\,\bar{A}_n + (1 + (-1)^m)\,\bar{A}_n'\Big\}$$
$$+ \frac{2\,K^2 a^4 n^2 \pi^2}{b^4\,\varrho_{mn}}\Big\{(1 - (-1)^n)\,\bar{B}_m + (1 + (-1)^n)\,\bar{B}_m'\Big\}$$
$$= \frac{a^4\,m\,n\,\pi^2\,R_{mn}}{b^4\,\varrho_{mn}}. \tag{63}$$

Hier kennen wir

$$C_{rn} = C_r = -1 - 2\,(-1)^r$$
$$C_{rn}' = C_r' = 2 + (-1)^r$$
$$D_s = -1 - 2\,(-1)^s$$

und

$$D_s' = 2 + (-1)^s.$$

bzw.

$$\zeta = \frac{p\,b^4}{N_x} \sum \sum \frac{1}{\varrho_{mn}}\Big\{\frac{a^4}{b^4}\,R_{mn} + \frac{4\,m}{n}\,((-1)^m A_n - A_n')$$
$$+ \frac{4\,K^2 a^4 n}{b^4 m}\,((-1)^n B_m - B_m')\Big\}\,\mathrm{Sin}\,\frac{m\pi}{a}\,x\,\mathrm{Sin}\,\frac{n\pi}{b}\,y$$
$$m,\,n = 1,\,2,\,3,\,4\ldots\infty.$$

Bezeichnet man nun mit δ_{mn} die ersten vier Glieder auf der linken Seite von (63), so ergibt sich

$$\delta_{mn} = A_{mn} - \frac{4}{m^2\,\pi^2}\left\{(2 + (-1)^m)\sum_r A_{rn} + (1 + 2\,(-1)^m)\sum_r (-1)^r A_{rn}\right\}$$

$$- \frac{4}{n^2\,\pi^2}\left\{(2 + (-1)^n)\sum_s A_{ms} + (1 + 2\,(-1)^n)\sum_s (-1)^s A_{ms}\right\}$$

$$+ \frac{16}{m^2\,n^2\,\pi^4}\sum_r\sum_s A_{rs}\left\{2 + (-1)^m + (1 + 2\,(-1)^m)\,(-1)^r\right\}$$

$$\times\left\{2 + (-1)^n + (1 + 2\,(-1)^n)\,(-1)^s\right\}.$$

Mit Rücksicht auf die Beziehungen

$$\sum_r \frac{1}{r^2\,\pi^2} = \sum_s \frac{1}{s^2\,\pi^2} = \frac{1}{6},$$

$$\sum_r \frac{(-1)^r}{r^2\,\pi^2} = \sum_s \frac{(-1)^s}{s^2\,\pi^2} = \frac{1}{12},$$

erhält man

$$\sum_r \delta_{rn} = \sum_r (-1)^r \delta_{rn} = \sum_s \delta_{ms} = \sum_s (-1)^s \delta_{ms} = 0 \tag{a}$$

und folglich auch

$$\sum_r (1 \pm (-1)^r) \delta_{rn} = \sum_s (1 \pm (-1)^s) \delta_{ms} = 0. \tag{b}$$

Ferner wird

$$\left.\begin{aligned}
&(1 - (-1)^m)^2 = 2\,(1 - (-1)^m), \quad (1 - (-1)^n)^2 = 2\,(1 - (-1)^n)\\
&(1 - (-1)^m)(1 + (-1)^m) = 0, \quad (1 - (-1)^n)(1 + (-1)^n) = 0\\
&(1 + (-1)^m)^2 = 2\,(1 + (-1)^m), \quad (1 + (-1)^n)^2 = 2\,(1 + (-1)^n).
\end{aligned}\right\} \tag{c}$$

Multipliziert man die beiden Seiten von der Formel (63) einzeln mit $1 - (-1)^m$ bzw. $1 + (-1)^m$ und berechnet die Summen $\sum\limits_{m=1}^{\infty}\left(=\sum\limits_{r=1}^{\infty}\right)$ der dadurch gebildeten zwei Gleichungen, so erhält man nach weiteren entsprechenden Rechnungsverfahren mit Rücksicht auf (24), (26), (a), (b) und (c) folgende Gleichungen:

$$\left.\begin{aligned}
&\bar{A}_n + \frac{2\,K^2 a^5 n^3 \pi^3}{b^5 (H_{n0}^{(2)} - G_{n0}^{(2)})}\left\{(1 - (-1)^n)\sum_r \frac{1 - (-1)^r}{\varrho_{rn}}\bar{B}_r + (1 + (-1)^n)\sum_r \frac{1 - (-1)^r}{\varrho_{rn}}\bar{B}_r'\right\}\\
&\qquad = \frac{a^5 n^2 \pi^2 R_{\alpha n}}{b^5 (H_{n0}^{(2)} - G_{n0}^{(2)})}\\[2ex]
&\bar{A}_n' + \frac{2\,K^2 a^5 n^3 \pi^3}{b^5 (H_{n0}^{(2)} + G_{n0}^{(2)})}\left\{(1 - (-1)^n)\sum_r \frac{1 + (-1)^r}{\varrho_{rn}}\bar{B}_r + (1 + (-1)^n)\sum_r \frac{1 + (-1)^r}{\varrho_{rn}}\bar{B}_r'\right\}\\
&\qquad = \frac{a^5 n^2 \pi^2 R_{\alpha n}'}{b^5 (H_{n0}^{(2)} + G_{n0}^{(2)})}.
\end{aligned}\right\} \tag{$64a_1$}$$

Aus analogen Berechnungen der unendlichen Reihen von n liefert die Gl. (63) die folgenden Beziehungen[1]:

$$\left.\begin{aligned}
&\bar{B}_m + \frac{2\,b\,m^3\pi^3}{a\,(H^{(2)}_{m0}-G^{(2)}_{m0})}\left\{(1-(-1)^m)\sum_s\frac{1-(-1)^s}{\varrho_{ms}}\bar{A}_s + (1+(-1)^m)\sum_s\frac{1-(-1)^s}{\varrho_{ms}}\bar{A}'_s\right\}\\
&\qquad = \frac{b\,m^2\pi^2 R_{\beta m}}{K^2 a\,(H^{(2)}_{m0}-G^{(2)}_{m0})}\\[2mm]
&\bar{B}'_m + \frac{2\,b\,m^3\pi^3}{a\,(H^{(2)}_{m0}+G^{(2)}_{m0})}\left\{(1-(-1)^m)\sum_s\frac{1+(-1)^s}{\varrho_{ms}}\bar{A}_s + (1+(-1)^m)\sum_s\frac{1+(-1)^s}{\varrho_{ms}}\bar{A}'_s\right\}\\
&\qquad = \frac{b\,m^2\pi^2 R'_{\beta m}}{K^2 a\,(H^{(2)}_{m0}+G^{(2)}_{m0})}\;.
\end{aligned}\right\}\quad(64\mathrm{a}_2)$$

In $(64\mathrm{a}_1)$ und $(64\mathrm{a}_2)$ sind

$$\left.\begin{aligned}
R_{\alpha n} &= \sum_r \frac{r\,\pi\,(1-(-1)^r)\,R_{rn}}{\varrho_{rn}}, & R_{\beta m} &= \frac{K^2 a^4}{b^4}\sum_s \frac{s\,\pi\,(1-(-1)^s)\,R_{ms}}{\varrho_{ms}}\\[2mm]
R'_{\alpha n} &= \sum_r \frac{r\,\pi\,(1+(-1)^r)\,R_{rn}}{\varrho_{rn}}, & R'_{\beta m} &= \frac{K^2 a^4}{b^4}\sum_s \frac{s\,\pi\,(1+(-1)^s)}{\varrho_{ms}}R_{ms}\;.
\end{aligned}\right\}\quad(64\mathrm{b})$$

Man kann beweisen, daß die durch $(64\mathrm{a}_1)$ und $(64\mathrm{a}_2)$ gegebenen vier Gleichungen die Bedingungsgleichungen sind, die die vier Größen $\left.\dfrac{\partial\zeta}{\partial x}\right)_{x=0}$, $\left.\dfrac{\partial\zeta}{\partial x}\right)_{x=a}$, $\left.\dfrac{\partial\zeta}{\partial y}\right)_{y=0}$, und $\left.\dfrac{\partial\zeta}{\partial y}\right)_{y=b}$ gleich Null werden lassen. Aus $(64\mathrm{a}_2)$ folgt:

$$\begin{aligned}
\sum_r \frac{1-(-1)^r}{\varrho_{rn}}\bar{B}_r &= -\frac{4\,b}{a}\sum_r \frac{r^3\pi^3(1-(-1)^r)}{\varrho_{rn}(H^{(2)}_{r0}-G^{(2)}_{r0})}\sum_s\frac{1-(-1)^s}{\varrho_{rs}}\bar{A}_s\\
&\quad + \frac{b}{K^2 a}\sum_r \frac{r^2\pi^2(1-(-1)^r)R_{\beta r}}{\varrho_{rn}(H^{(2)}_{r0}-G^{(2)}_{r0})}\\[3mm]
\sum_r \frac{1-(-1)^r}{\varrho_{rn}}\bar{B}'_r &= -\frac{4\,b}{a}\sum_r \frac{r^3\pi^3(1-(-1)^r)}{\varrho_{rn}(H^{(2)}_{r0}+G^{(2)}_{r0})}\sum_s\frac{1+(-1)^s}{\varrho_{rs}}\bar{A}_s\\
&\quad + \frac{b}{K^2 a}\sum_r \frac{r^2\pi^2(1-(-1)^r)R'_{\beta r}}{\varrho_{rn}(H^{(2)}_{r0}+G^{(2)}_{r0})}\;.
\end{aligned}$$

Durch Einsetzen der vorhergehenden Werte von $\displaystyle\sum_r\frac{1-(-1)^r}{\varrho_{rn}}\bar{B}_r$ und $\displaystyle\sum_r\frac{1-(-1)^r}{\varrho_{rn}}\bar{B}'_r$ in die erste Gleichung von $(64\mathrm{a}_1)$, kann man aus ihr die

---

[1] Ganz unabhängig von den Grenzbedingungen ergibt sich im allgemeinen

$$\sum_r C_{rn}\delta_{rn} = \sum_r C'_{rn}\delta_{rn} = \sum_s D_s\delta_{ms} = \sum_s D'_s\delta_{ms} = 0\;.$$

Man kann also aus der Gleichung für A_{mn} immer ebensoviele Gleichungen bilden wie Unbekannte vorhanden sind.

Glieder mit $\overline{B}_r$ und $\overline{B}'_r$ eliminieren, und der gesuchte Beiwert $\overline{A}_n$ wird wie folgt dargestellt:

$$\begin{aligned}
\overline{A}_n &= L_n + \sum_s K_{ns}\,\overline{A}_s \\[2mm]
L_n &= \frac{a^4\,n^2\,\pi^2}{b^4(H^{(2)}_{n0} - G^{(2)}_{n0})}\left\{\frac{a}{b}\,R_{\alpha n} - 2\,n\,\pi \sum_r{}'\frac{r^2\,\pi^2(1-(-1)^r)}{\varrho_{rn}}\right. \\[2mm]
&\qquad\qquad\left. \times\left(R_{\beta r}\frac{1-(-1)^n}{H^{(2)}_{r0} - G^{(2)}_{r0}} + R'_{\beta r}\frac{1+(-1)^n}{H^{(2)}_{r0} + G^{(2)}_{r0}}\right)\right\} \\[2mm]
K_{ns} &= \frac{8\,K^2 a^4\,n^3\,\pi^3}{b^4(H^{(2)}_{n0} - G^{(2)}_{n0})}\sum_r{}'\frac{r^3\,\pi^3(1-(-1)^r)}{\varrho_{rn}\,\varrho_{rs}} \\[2mm]
&\qquad \times\left\{\frac{(1-(-1)^n)(1-(-1)^s)}{H^{(2)}_{r0} - G^{(2)}_{r0}} + \frac{(1+(-1)^n)(1+(-1)^s)}{H^{(2)}_{r0} + G^{(2)}_{r0}}\right\}.
\end{aligned}\qquad(65)$$

Analoge Elimination des $\displaystyle\sum_r{}'\frac{1+(-1)^r}{\varrho_{rn}}\,\overline{B}_r$ und $\displaystyle\sum_r{}'\frac{1+(-1)^r}{\varrho_{rn}}\,\overline{B}'_r$ aus der zweiten Gleichung von $(64\,\mathrm{a}_1)$ ergibt:

$$\begin{aligned}
\overline{A}'_n &= L'_n + \sum_s K'_{ns}\,\overline{A}'_s \\[2mm]
L'_n &= \frac{a^4\,n^2\,\pi^2}{b^4(H^{(2)}_{n0} + G^{(2)}_{n0})}\left\{\frac{a}{b}\,R'_{\alpha n} - 2\,n\,\pi \sum_r{}'\frac{r^2\,\pi^2(1-(-1)^r)}{\varrho_{rn}}\right. \\[2mm]
&\qquad\qquad\left. \times\left(R_{\beta r}\frac{1-(-1)^n}{H^{(2)}_{r0} - G^{(2)}_{r0}} + R'_{\beta r}\frac{1+(-1)^n}{H^{(2)}_{r0} + G^{(2)}_{r0}}\right)\right\} \\[2mm]
K'_{ns} &= \frac{8\,K^2 a^4\,n^3\,\pi^3}{b^4(H^{(2)}_{n0} + G^{(2)}_{n0})}\sum_r{}'\frac{r^3\,\pi^3(1+(-1)^r)}{\varrho_{rn}\,\varrho_{rs}} \\[2mm]
&\qquad \times\left\{\frac{(1-(-1)^n)(1-(-1)^s)}{H^{(2)}_{r0} - G^{(2)}_{r0}} + \frac{(1+(-1)^n)(1+(-1)^s)}{H^{(2)}_{r0} + G^{(2)}_{r0}}\right\}.
\end{aligned}\qquad(66)$$

Wenn man aus (65) und (66) die den verschiedenen Werten von n entsprechenden Größen von $\overline{A}_n$ und $\overline{A}'_n$ ausrechnen kann, so werden die den verschiedenen Werten von m entsprechenden Größen von $\overline{B}_m$ und $\overline{B}'_m$ durch Einsetzen der hierbei erhaltenen Größen von $\overline{A}_n\,(=\overline{A}_s)$ und $\overline{A}'_n\,(=\overline{A}'_s)$ in die beiden Gleichungen von $(64\,\mathrm{a}_2)$ berechnet werden können.

Für die Platte mit gleichmäßig verteilter Belastung sind m, r, n und s gleich den ungeraden Zahlen $1, 3, 5, 7\ldots\infty$. Somit ist[1]

---

[1] Hierbei erhält man (siehe die Anmerkung auf S. 36)

$$\zeta = \frac{p\,b^4}{N_x}\sum\sum A_{mn}\left(\frac{x^2}{a^2} - \frac{x}{a} + \frac{1}{m\,\pi}\operatorname{Sin}\frac{m\,\pi}{a}\,x\right)\left(\frac{y^2}{b^2} - \frac{y}{b} + \frac{1}{n\,\pi}\operatorname{Sin}\frac{n\,\pi}{b}\,y\right)$$
$$m, n = 1, 3, 5, 7\ldots\infty$$

und

$$\zeta = \frac{16\,p\,b^4}{N_x}\sum\sum\frac{1}{m\,n\,\pi^2\,\varrho_{mn}}\left(\frac{a^4}{b^4} - \frac{m^2\,\pi^2}{2}\,A_n - \frac{K^2 a^4\,n^2\,\pi^2}{2\,b^4}\,B_m\right)\operatorname{Sin}\frac{m\,\pi}{a}\,x\operatorname{Sin}\frac{n\,\pi}{b}\,y.$$
$$m, n = 1, 3, 5, 7\ldots\infty.$$

$$A_n = A_n', \qquad \bar{A}_n = 2\,A_n, \qquad \bar{A}_n' = 0,$$

$$B_m = B_m', \qquad \bar{B}_m = 2\,B_m, \qquad \bar{B}_m' = 0,$$

$$R_{\alpha n} = 32 \sum_r \frac{1}{n\,\pi\,\varrho_{r n}} = \frac{4\,b^3}{a^3\,n^4\,\pi^4}\,(H_{n0}^{(0)} - G_{n0}^{(0)})$$

$$R_{\beta r} = \frac{32\,K^2\,a^4}{b^4} \sum_s \frac{1}{r\,\pi\,\varrho_{r s}} = \frac{4\,a^3}{b^3\,r^4\,\pi^4}\,(H_{r0}^{(0)} - G_{r0}^{(0)}).$$

Woraus folgt:

$$\left.\begin{aligned}
&\bar{A}_n = L_n + \sum_s K_{ns}\,\bar{A}_s, \qquad A_n = A_n' = \frac{\bar{A}_n}{2} \\[2ex]
&L_n = \frac{4\,a^2}{b^2\,(H_{n0}^{(2)} - G_{n0}^{(2)})} \\
&\qquad \times \left\{ \frac{H_{n0}^{(0)} - G_{n0}^{(0)}}{n^2\,\pi^2} - \frac{8\,a^5\,n^3\,\pi^3}{b^5} \sum_r \frac{H_{r0}^{(0)} - G_{r0}^{(0)}}{r^2\,\pi^2\,\varrho_{r n}\,(H_{r0}^{(2)} - G_{r0}^{(2)})} \right\} \\[2ex]
&K_{ns} = \frac{64\,K^2\,a^4\,n^3\,\pi^3}{b^4\,(H_{n0}^{(2)} - G_{n0}^{(2)})} \sum_r \frac{r^3\,\pi^3}{\varrho_{r n}\,\varrho_{r s}\,(H_{r0}^{(2)} - G_{r0}^{(2)})} \\[2ex]
&\qquad\qquad\qquad r,\,n,\,s = 1,\,3,\,5,\,7\ldots\infty.
\end{aligned}\right\} \tag{67}$$

Wenn man aus (67) die den verschiedenen Werten von n entsprechenden Größen von A_n berechnet, so kann man die den verschiedenen Werten von m entsprechenden Größen von B_m durch folgende Formeln berechnen:

$$B_m = B_m' = \frac{2}{H_{m0}^{(2)} - G_{m0}^{(2)}} \left\{ \frac{a^2}{K^2\,b^2}\,\frac{H_{m0}^{(0)} - G_{m0}^{(0)}}{m^2\,\pi^2} - \frac{4\,b\,m^3\,\pi^3}{a} \sum_s \frac{A_s}{\varrho_{m s}} \right\} \tag{68}$$

$$s,\,m = 1,\,3,\,5,\,7\ldots\infty.$$

Für eine hydrostatische Druckbelastung $p_{xy} = p\alpha\,\dfrac{x}{a}$ erhält man:

$$\left.\begin{aligned}
&\bar{A}_n = L_n + \sum_s K_{ns}\,\bar{A}_s \\[2ex]
&L_n = \frac{2\,\alpha\,a^2}{b^2\,(H_{n0}^{(2)} - G_{n0}^{(2)})} \\
&\qquad \times \left\{ \frac{H_{n0}^{(0)} - G_{n0}^{(0)}}{n^2\,\pi^2} - \frac{4\,a^5\,n^3\,\pi^3}{b^5} \sum_r \frac{(1 - (-1)^r)\,(H_{r0}^{(0)} - G_{r0}^{(0)})}{r^2\,\pi^2\,\varrho_{r n}\,(H_{r0}^{(2)} - G_{r0}^{(2)})} \right\} \\[2ex]
&K_{ns} = \frac{32\,K^2\,a^4\,n^3\,\pi^3}{b^4\,(H_{n0}^{(2)} - G_{n0}^{(2)})} \sum_r \frac{r^3\,\pi^3\,(1 - (-1)^r)}{\varrho_{r n}\,\varrho_{r s}\,(H_{r0}^{(2)} - G_{r0}^{(2)})} \\[2ex]
&r = 1,\,2,\,3,\,4\ldots\infty \qquad\qquad n,\,s = 1,\,3,\,5,\,7\ldots\infty.
\end{aligned}\right\} \tag{69}$$

$$\overline{A}'_n = L'_n + \sum_s K'_{ns}\,\overline{A}'_s$$

$$L'_n = \frac{-2\,\alpha\,a^2}{b^2\,(H^{(2)}_{n\,0} + G^{(2)}_{n\,0})}\left\{\frac{H^{(0)}_{n\,0} + G^{(0)}_{n\,0} - \dfrac{4\,b}{a\,K^2\,n\,\pi}}{n^2\,\pi^2}\right.$$

$$\left. + \frac{4\,a^5\,n^3\,\pi^3}{b^5}\sum_r \frac{(1-(-1)^r)\,(H^{(0)}_{r\,0} - G^{(0)}_{r\,0})}{r^2\,\pi^2\,\varrho_{r\,n}\,(H^{(2)}_{r\,0} - G^{(2)}_{r\,0})}\right\}$$

$$K'_{ns} = \frac{32\,K^2\,a^4\,n^3\,\pi^3}{b^4\,(H^{(2)}_{n\,0} + G^{(2)}_{n\,0})}\sum_r \frac{r^3\,\pi^3\,(1+(-1)^r)}{\varrho_{r\,n}\,\varrho_{r\,s}\,(H^{(2)}_{r\,0} - G^{(2)}_{r\,0})}$$

$$r = 1, 2, 3, 4 \ldots \infty \qquad n, s = 1, 3, 5, 7 \ldots \infty. \tag{70}$$

$$\overline{B}_m + \frac{4\,b\,m^3\,\pi^3}{a\,(H^{(2)}_{m\,0} - G^{(2)}_{m\,0})}\left\{(1-(-1)^m)\sum_s \frac{\overline{A}_s}{\varrho_{m\,s}} + (1+(-1)^m)\sum_s \frac{\overline{A}'_s}{\varrho_{m\,s}}\right\}$$

$$= -\frac{2\,\alpha\,a^2\,(-1)^m\,(H^{(0)}_{m\,0} - G^{(0)}_{m\,0})}{K^2\,b^2\,m^2\,\pi^2\,(H^{(2)}_{m\,0} - G^{(2)}_{m\,0})}$$

$$\overline{B}'_m = 0$$

$$m = 1, 2, 3, 4 \ldots \infty, \qquad s = 1, 3, 5, 7 \ldots \infty. \tag{71}$$

Nachdem wir die Werte von $\overline{A}_n$ und $\overline{A}'_n$ berechnet haben, können wir die Werte von A_n und A'_n durch die Formel (62 b) berechnen.

§ 10. Das Berechnungsverfahren des Beiwertes $\overline{A}_n$.

Wie wir schon in dem letzten Paragraphen festgestellt haben, wird der Beiwert $\overline{A}_n$ durch eine unendliche Reihe

$$\overline{A}_n = L_n + \sum_s K_{ns}\,\overline{A}_s \tag{a}$$

ausgedrückt. In dieser Gleichung zeigt L_n bzw. K_{ns} die bekannte Funktion von n bzw. (n, s), und die Werte von $\overline{A}_n$ nehmen allmählich mit der Zunahme der Werte von n ab. Vernachlässigt man alle Glieder mit $n > k$ in der unendlichen Reihe (a), und gibt man dem n die Werte $1, 2, 3 \ldots k$ der Reihe nach, so erhält man ein System der Gleichungen mit k Unbekannten $\overline{A}_1, \overline{A}_2, \overline{A}_3 \ldots \overline{A}_k$, d. h.

$$\left.\begin{aligned}
a_{11}\,\overline{A}_1 + a_{12}\,\overline{A}_2 + a_{13}\,\overline{A}_3 + \cdots + a_{1k}\,\overline{A}_k &= L_1 \\
a_{21}\,\overline{A}_1 + a_{22}\,\overline{A}_2 + a_{23}\,\overline{A}_3 + \cdots + a_{2k}\,\overline{A}_k &= L_2 \\
\cdots\cdots\cdots\cdots\cdots\cdots\cdots\cdots\cdots\cdots \\
a_{k1}\,\overline{A}_1 + a_{k2}\,\overline{A}_2 + a_{k3}\,\overline{A}_3 + \cdots + a_{kk}\,\overline{A}_k &= L_k.
\end{aligned}\right\} \tag{b}$$

Aus diesen Gleichungen können die Näherungswerte von $\overline{A}_1, \overline{A}_2, \overline{A}_3, \overline{A}_4 \ldots \overline{A}_k$ berechnet werden. Das ist die bisher gewöhnlich angewandte Methode für die Lösung der Gleichung mit einer unendlichen Anzahl von Unbekannten. Gelingt es aber, $\overline{A}_n$ durch eine gewisse Funktion von n auszudrücken, so ist dies natürlich sehr günstig, da wir sowohl die numerische Berechnung vereinfachen als auch die Werte von $\overline{A}_n$ hinreichend genau erhalten können. Ein Verfahren dafür wird von dem Verfasser wie folgt vorgeschlagen.

Da s in (a) nichts anderes als ein mathematisches Zeichen ist, welches die ganzen Zahlen $1, 2, 3, 4 \ldots \infty$ zeigt, kann man es mit Recht mit $s_1, s_2, s_3 \ldots \infty$ umschreiben, d. h.

$$\overline{A}_n = L_n + \sum_{s_1} K_{n s_1} \overline{A}_{s_1}$$

und auch

$$\overline{A}_{s_1} = L_{s_1} + \sum_{s_2} K_{s_1 s_2} \overline{A}_{s_2} .$$

Das Einsetzen des durch die zweite Gleichung gegebenen Wertes von $\overline{A}_{s_1}$ in die erste Gleichung ergibt

$$\overline{A}_n = L_n + \sum_{s_1} K_{n s_1} (L_{s_1} + \sum_{s_2} K_{s_1 s_2} \overline{A}_{s_2})$$
$$= L_n + \sum_{s_1} K_{n s_1} L_{s_1} + \sum_{s_1} K_{n s_1} \sum_{s_2} K_{s_1 s_2} \overline{A}_{s_2} . \tag{c}$$

Das dritte Glied im obigen Ausdruck zeigt nicht das Produkt von den zwei unendlichen Reihen $\sum\limits_{s_1} K_{n s_1}$ und $\sum\limits_{s_2} K_{s_1 s_2} \overline{A}_{s_2}$, sondern die Summe $\sum\limits_{s_1}$ für das Produkt aus den zwei Funktionen $K_{n s_1}$ und $\sum\limits_{s_2} K_{s_1 s_2} \overline{A}_{s_2}$ von s_1 (die Summe $\sum\limits_{s_2} K_{s_1 s_2} \overline{A}_{s_2}$ bezüglich $s_2 = 1, 2, 3, 4 \ldots$ kann als eine Funktion von s_1 allein angenommen werden). Setzt man ferner den Wert von $\overline{A}_{s_2}$, d. h.

$$\overline{A}_{s_2} = L_{s_2} + \sum_{s_3} K_{s_2 s_3} \overline{A}_{s_3}$$

in (c) ein, und setzt das gleiche Verfahren wiederholt fort, so erhält man schließlich[1]:

---

[1] Vergleicht man die Gleichung

$$\overline{A}_n = L_n + \sum_{s} K_{n s} \overline{A}_{s}$$

mit der Fredholmschen Integralgleichung

$$u(x) = f(x) + \lambda \int_a^b K(x, t)\, u(t)\, dt ,$$

worin $u(x) =$ unbekannte oder gesuchte Funktion, $f(x) =$ bekannte Funktion, $K(x, t) =$ Kern, $\lambda =$ Parameter ist, so erkennt man leicht, daß beide Gleichungen formal sehr ähnlich sind, nur mit dem Unterschied, daß die erste durch das Zeichen $\sum\limits_{s=1}^{\infty}$, die zweite dagegen durch $\int_a^b$ definiert wird. Das Verfahren des Verfassers, auf dem die Ableitung der Gl. (72) beruht, ist nichts anderes als die Anwendung des Lösungsverfahrens der vorstehenden Fredholmschen Integralgleichung.

$$\begin{aligned}
\overline{A}_n = L_n &+ \sum_{s_1} K_{n s_1} L_{s_1} + \sum_{s_1} K_{n s_1} \sum_{s_2} K_{s_1 s_2} L_{s_2} \\
&+ \sum_{s_1} K_{n s_1} \sum_{s_2} K_{s_1 s_2} \sum_{s_3} K_{s_2 s_3} L_{s_3} + \cdots \\
&+ \sum_{s_1} K_{n s_1} \sum_{s_2} K_{s_1 s_2} \sum_{s_3} K_{s_2 s_3} \sum_{s_4} \cdots \sum_{s_5} \cdots \sum_{s_t} K_{s_{t-1} s_t} L_{s_t} \\
&+ \sum_{s_1} K_{n s_1} \sum_{s_2} K_{s_1 s_2} \sum_{s_3} K_{s_2 s_3} \cdots \sum_{s_{t+1}} K_{s_t s_{t+1}} \overline{A}_{s_{t+1}} .
\end{aligned} \tag{72}$$

Das letzte Glied der vorangehenden Gleichung enthält noch die Unbekannte $\overline{A}_{s_{t+1}}$. Aber man kann beweisen, daß es mit wachsendem t gegen Null strebt; hierbei ist der Beiwert $\overline{A}_n$ durch eine unendliche Reihe von den bekannten Funktionen ausgedrückt worden, oder — mit anderen Worten — es ist jetzt in eine unendliche Reihe von den bekannten Funktionen entwickelt worden. Für den praktischen Gebrauch erhält man durch die Berechnung der ersten Glieder hinreichende Genauigkeit, wie das nachstehende numerische Beispiel zeigt.

Wenn die Platte auf mindestens zwei ihrer gegenüberliegenden Seiten, z. B. auf den Seiten $y = 0$ und $y = b$, frei gestützt wird, so verschwinden immer die beiden Beiwerte D_n und D'_n in der Funktion Y_n, und folglich ist

$$B_m = B'_m = 0, \quad \varDelta_{mn} = 0 .$$

Somit enthält die Gleichung für A_{mn} nur die Unbekannten A_n, A'_n usw., die sich nur auf die Beiwerte C_{mn}, C'_{mn}, C''_{mn} und C'''_{mn} beziehen, und man kann leicht durch das analoge Verfahren wie im § 8 die gesuchten Unbekannten ausrechnen. Hierbei wird jede Unbekannte immer durch einen rationalen Ausdruck dargestellt, der aus einer endlichen Anzahl der bekannten Funktionen besteht. Diese Einfachheit beruht darauf, daß die Funktion Y_n durch eine einfache Kreisfunktion, d. h. durch

$$Y_n = \frac{1}{n \pi} \operatorname{Sin} \frac{n \pi}{b} y$$

dargestellt wird, und die Lösung der Plattengleichung für solchen Fall kann leicht auch mit Hilfe des Levyschen Ansatzes ausgeführt werden.

Wird die Platte auf mindestens zwei benachbarten Seiten vollkommen eingespannt, so ist der Fall ganz anders. Da die Unbekannte in solchem Falle immer durch eine Gleichung von der Form

$$\overline{A}_n = L_n + \sum_s K_{ns} \overline{A}_s ,$$

die eine unbegrenzte Anzahl Unbekannter enthält, dargestellt wird, kann die gesuchte Unbekannte nicht durch einen einfachen Ausdruck wie in dem ersten Fall, sondern nur durch eine unendliche Reihe wie (72) dargestellt werden.

§ 11. Die auf einem elastischen Untergrund ruhende Platte.

Bezeichnet man mit B die Bettungsziffer des elastischen Untergrunds, auf dem die betrachtete Platte ruht, so lautet die Grundgleichung dafür wie folgt:

$$\frac{\partial^4 \zeta}{\partial x^4} + 2\,K'^2\,\frac{\partial^4 \zeta}{\partial x^2\,\partial y^2} + K^2\,\frac{\partial^4 \zeta}{\partial y^4} = \frac{p_{xy} - B\zeta}{N_x} \tag{73a}$$

oder

$$\frac{\partial^4 \zeta}{\partial x^4} + 2\,K'^2\,\frac{\partial^4 \zeta}{\partial x^2\,\partial y^2} + K^2\,\frac{\partial^4 \zeta}{\partial y^4} + L^4 \zeta = \frac{p_{xy}}{N_x} = p\,\frac{f(x,y)}{N_x} \left.\vphantom{\frac{\partial}{\partial}}\right|$$

worin

$$L^4 = \frac{B}{N_x}\,. \tag{73b}$$

Diese Gleichung ist im Vergleich mit (1a) nur um $+ L^4 \zeta$ auf ihrer linken Seite verschieden, und die Gleichung für A_{mn} kann nach

$$\frac{4\,b^3}{a} \sum_r \sum_s A_{rs} \int_0^a\!\!\int_0^b (X_{rs}'''' Y_s + 2\,K'^2 X_{rs}'' Y_s'' + K^2 X_{rs} Y_s'''' + L^4 X_{rs} Y_s)$$

$$\times \operatorname{Sin} \frac{m\pi}{a} x \operatorname{Sin} \frac{n\pi}{b} y\, dx\, dy = R_{mn} \tag{74}$$

berechnet werden.

Z. B. wählt man eine freiaufliegende Platte, deren Durchbiegung mit

$$\zeta = \frac{p\,a^4}{N_x} \sum_m \sum_n \frac{A_{mn}}{mn\,\pi^2} \operatorname{Sin} \frac{m\pi}{a} x \operatorname{Sin} \frac{n\pi}{b} y$$

bestimmt ist, so erhält man

$$A_{mn} = \frac{mn\,\pi^2 R_{mn}}{\pi^4\left(m^4 + \dfrac{2\,K'^2\,a^2\,m^2\,n^2}{b^2} + \dfrac{K^2\,a^4\,n^4}{b^4}\right) + L^4\,a^4}$$

$$= \frac{mn\,\pi^2 R_{mn}}{(m^2\,\pi^2 + \lambda_n^2\,\alpha_n^2)\,(m^2\,\pi^2 + \lambda_n'^2\,\alpha_n^2)} \left.\vphantom{\frac{\partial}{\partial}}\right\}$$

worin

$$\lambda_n^2 = K'^2 + \sqrt{K'^4 - \left(K^2 + \frac{a^4\,L^4}{\alpha_n^4}\right)} \tag{75}$$

$$\lambda_n'^2 = K'^2 - \sqrt{K'^4 - \left(K^2 + \frac{a^4\,L^4}{\alpha_n^4}\right)}\,.$$

Da für die isotrope Platte $K = K' = 1$ ist, lautet

$$\lambda_n = \sqrt{1 + i\,\frac{a^2\,L^2}{\alpha_n^2}} = K_n + i\,K_n'$$

$$\lambda_n' = \sqrt{1 - i\,\frac{a^2\,L^2}{\alpha_n^2}} = K_n - i\,K_n' \left.\vphantom{\frac{\partial}{\partial}}\right\}$$

worin $\tag{76}$

$$K_n = \sqrt{\frac{1}{2}\left(\sqrt{1 + \frac{a^4\,L^4}{\alpha_n^4}} + 1\right)}, \quad K_n' = \sqrt{\frac{1}{2}\left(\sqrt{1 + \frac{a^4\,L^4}{\alpha_n^4}} - 1\right)}.$$

Somit erhält man nach der fünften Formel von (24) folgende Formel:

$$\sum_m \frac{\mathrm{Sin}\, m\,\pi\,\xi}{m\,\pi\,(m^2\,\pi^2 + \lambda_n^2\,\alpha_n^2)\,(m^2\,\pi^2 + \lambda_n'^2\,\alpha_n^2)}$$

$$= \frac{1}{4\,\alpha_n^4\left(1 + \dfrac{a^4\,L^4}{\alpha_n^4}\right)}\left\{\frac{\dfrac{P_{n\xi}}{K_n\,K_n'} + 2\,Q_{n\xi}}{Z_n} + 2\,(1-\xi)\right\} \tag{77}$$

worin

$$Z_n = \mathfrak{Cof}\, 2\,K_n\,\alpha_n - \mathrm{Cos}\, 2\,K_n'\,\alpha_n$$

$$P_{n\xi} = \mathfrak{Sin}\, K_n\,\alpha_n\,\xi\, \mathrm{Sin}\, K_n'\alpha_n\,(2-\xi) - \mathfrak{Sin}\, K_n\,\alpha_n\,(2-\xi)\,\mathrm{Sin}\, K_n'\alpha_n\,\xi$$

$$Q_{n\xi} = \mathfrak{Cof}\, K_n\,\alpha_n\,\xi\, \mathrm{Cos}\, K_n'\alpha_n\,(2-\xi) - \mathfrak{Cof}\, K_n\,\alpha_n\,(2-\xi)\,\mathrm{Cos}\, K_n'\alpha_n\,\xi.$$

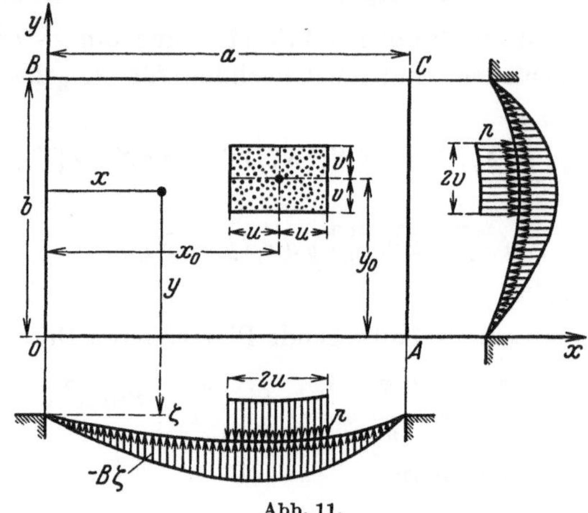

Abb. 11.

Wenn die Platte durch eine partiell gleichmäßig verteilte Drucklast belastet wird, so kann die Durchbiegung an irgendeinem Punkte im Intervall $x_0 - u \leqq x \leqq x_0 + u$ durch folgende Formel berechnet werden:

$$\zeta = \frac{p}{N\,L^4}\sum_n \frac{S_n}{n\,\pi\left(1 + \dfrac{n^4\,\pi^4}{b^4\,L^4}\right)}\left\{4 + \frac{1}{Z_n}\left\{\frac{1}{K_n\,K_n'}\left(P_{n\xi_1} + P_{n(-\xi_2)} - P_{n\xi_3} + P_{n\xi_4}\right)\right.\right.$$

$$\left.\left. + 2\left(Q_{n\xi_1} + Q_{n(-\xi_2)} - Q_{n\xi_3} + Q_{n\xi_4}\right)\right\}\right\} \tag{78}$$

$$\xi_1 = \frac{x_0 - u + x}{a}, \qquad \xi_2 = \frac{x_0 - u - x}{a},$$

$$\xi_3 = \frac{x_0 + u + x}{a}, \qquad \xi_4 = \frac{x_0 + u - x}{a},$$

wobei jedes $P_{n\xi}$ und $Q_{n\xi}$ durch die dritte, bzw. vierte Gleichung von (77) dargestellt wird.

Wenn die Last auf der ganzen Fläche der Platte verteilt wird, d. h. wenn

$$\frac{x_0}{a} = \frac{u}{a} = \frac{1}{2}, \qquad \frac{y_0}{b} = \frac{v}{b} = \frac{1}{2} \quad \text{und} \quad S_n = \mathrm{Sin}\,\frac{n\,\pi}{b}\,y,$$

erhält man

$$P_{n\xi_1} + P_{n(-\xi_2)} - P_{n\xi_3} + P_{n\xi_4}$$
$$= 2\left\{\mathfrak{Sin}\, K_n\,\alpha_n\,\xi\, \mathrm{Sin}\, K'_n\,\alpha_n\,(2-\xi) - \mathfrak{Sin}\, K_n\,\alpha_n\,(2-\xi)\, \mathrm{Sin}\, K'_n\,\alpha_n\,\xi \right.$$
$$\left. - \mathfrak{Sin}\, K_n\,\alpha_n\,(1+\xi)\, \mathrm{Sin}\, K'_n\,\alpha_n\,(1-\xi) \right.$$
$$\left. + \mathfrak{Sin}\, K_n\,\alpha_n\,(1-\xi)\, \mathrm{Sin}\, K'_n\,\alpha_n\,(1+\xi)\right\}$$
$$= -4\,(\mathfrak{Cof}\, K_n\,\alpha_n - \mathrm{Cos}\, K'_n\,\alpha_n)\left\{\mathfrak{Sin}\, K_n\,\alpha_n\,(1-\xi)\, \mathrm{Sin}\, K'_n\,\alpha_n\,\xi \right.$$
$$\left. + \mathfrak{Sin}\, K_n\,\alpha_n\,\xi\, \mathrm{Sin}\, K'_n\,\alpha_n\,(1-\xi)\right\}$$

$$Q_{n\xi_1} + Q_{n(-\xi_2)} - Q_{n\xi_3} + Q_{n\xi_4}$$
$$= -4\,(\mathfrak{Cof}\, K_n\,\alpha_n - \mathrm{Cos}\, K'_n\,\alpha_n)\left\{\mathfrak{Cof}\, K_n\,\alpha_n\,(1-\xi)\, \mathrm{Cos}\, K'_n\,\alpha_n\,\xi \right.$$
$$\left. + \mathfrak{Cof}\, K_n\,\alpha_n\,\xi\, \mathrm{Cos}\, K'_n\,\alpha_n\,(1-\xi)\right\}$$

$$Z_n = 2\,(\mathfrak{Cof}\, K_n\,\alpha_n - \mathrm{Cos}\, K'_n\,\alpha_n)\,(\mathfrak{Cof}\, K_n\,\alpha_n + \mathrm{Cos}\, K'_n\,\alpha_n)\,.$$

Somit lautet die Gleichung für die Durchbiegung wie folgt:

worin

$$\left.\begin{aligned}
&\zeta = \frac{4\,p}{N\,L^4}\sum_n \frac{\mathrm{Sin}\,\dfrac{n\,\pi}{b}\,y}{n\,\pi\left(1+\dfrac{n^4\,\pi^4}{b^4\,L^4}\right)}\left\{1 - \frac{\dfrac{\Delta_{n\xi}}{2\,K_n\,K'_n}+\Delta'_{n\xi}}{\mathfrak{Cof}\,K_n\,\alpha_n + \mathrm{Cos}\,K'_n\,\alpha_n}\right\}\\
&\qquad\qquad\qquad n = 1,\,3,\,5,\,7\ldots\infty\\
&\Delta_{n\xi} = \mathfrak{Sin}\,K_n\,\alpha_n\,(1-\xi)\,\mathrm{Sin}\,K'_n\,\alpha_n\,\xi + \mathfrak{Sin}\,K_n\,\alpha_n\,\xi\\
&\qquad\qquad\qquad\qquad\qquad \times\,\mathrm{Sin}\,K'_n\,\alpha_n\,(1-\xi)\\
&\Delta'_{n\xi} = \mathfrak{Cof}\,K_n\,\alpha_n\,(1-\xi)\,\mathrm{Cos}\,K'_n\,\alpha_n\,\xi + \mathfrak{Cof}\,K_n\,\alpha_n\,\xi\\
&\qquad\qquad\qquad\qquad\qquad \times\,\mathrm{Cos}\,K'_n\,\alpha_n\,(1-\xi)\,.
\end{aligned}\right\} \quad (79)$$

Verschiebt man den Anfangspunkt des Koordinatensystems $(x,\,y)$ auf

den Punkt $\left(0,\,\dfrac{b}{2}\right)$, so muß man $\mathrm{Sin}\, n\pi\left(\dfrac{1}{2}+\dfrac{y}{b}\right) = (-1)^{\frac{n-1}{2}}\,\mathrm{Cos}\,\dfrac{n\,\pi}{b}\,y$

an Stelle von $\mathrm{Sin}\,\dfrac{n\,\pi}{b}\,y$ in (79) setzen. Da hierbei

$$\sum \frac{(-1)^{\frac{n-1}{2}}}{n\,\pi}\,\mathrm{Cos}\,\frac{n\,\pi}{b}\,y = \frac{1}{4}\,, \qquad n = 1,\,3,\,5,\,7\ldots\infty$$

$$\lim_{b\to\infty} K_n\,\alpha_n = \lim_{b\to\infty} K'_n\,\alpha_n = \frac{a\,L}{\sqrt{2}}\,, \qquad \lim_{b\to\infty}\frac{\Delta_{n\xi}}{2\,K_n\,K'_n} = 0,$$

und

$$\lim_{b\to\infty} \Delta'_{n\xi} = \mathfrak{Cof}\,\frac{a\,L}{\sqrt{2}}\,(1-\xi)\,\mathrm{Cos}\,\frac{a\,L}{\sqrt{2}}\,\xi + \mathfrak{Cof}\,\frac{a\,L}{\sqrt{2}}\,\xi\,\mathrm{Cos}\,\frac{a\,L}{\sqrt{2}}\,(1-\xi)$$

wird, erhält man

$$\lim_{b\to\infty}\zeta = \frac{p}{N\,L^4}\left\{1 - \frac{\mathfrak{Cof}\,\dfrac{a\,L}{\sqrt{2}}\,(1-\xi)\,\mathrm{Cos}\,\dfrac{a\,L}{\sqrt{2}}\,\xi + \mathfrak{Cof}\,\dfrac{a\,L}{\sqrt{2}}\,\xi\,\mathrm{Cos}\,\dfrac{a\,L}{\sqrt{2}}\,(1-\xi)}{\mathfrak{Cof}\,\dfrac{a\,L}{\sqrt{2}} + \mathrm{Cos}\,\dfrac{a\,L}{\sqrt{2}}}\right\} \quad (80)$$

Das ist die Gleichung der Durchbiegung für einen geraden Balken von konstanter Biegungssteifigkeit ($N = EJ$), dessen beide Enden auf festen Stützen frei aufliegen, während seine ganze Unterfläche einen elastischen Untergrund berührt.

Auch für die auf einem elastischen Untergrund ruhende rechteckige Platte, die durch irgendeine Belastung und Randbedingung bestimmt ist, kann man die Gleichung ihrer Durchbiegung ebenso wie für den vorangehenden Fall aufstellen.

Drittes Kapitel.

Zahlenbeispiel für den Verlauf der Durchbiegung und für die Beanspruchung.

Als Anwendungsbeispiel für die Formeln des Verfassers werden die Beiwerte $\overline{\zeta}, \overline{M}_x, \overline{V}_x$ usw. für die gleichmäßig belastete rechteckige Platte mit $\dfrac{a}{b} = K = \dfrac{2}{3}$, $\mu = 6$ und $K'^2 = \dfrac{1 + K^2}{2}$ berechnet[1].

§ 12. Die auf den vier Seiten frei aufliegende Platte.

In diesem Falle erhält man folgende Ergebnisse:

Tabelle 3 (vgl. beigefügte Tafel I und II).

Punkte		Beiwerte auf den Mittellinien				
x/a	y/b	$\overline{\zeta}$	$\overline{M}_x$	$\overline{M}_y$	$\overline{V}_x$	$\overline{V}_y$
$^0/_4$	$^2/_4$	0.0000	0.0000	0.0000	0.310	0.000
$^1/_4$	$^2/_4$	0.0013	0.0314	0.0064	0.146	0.000
$^2/_4$	$^2/_4$	0.0018	0.0411	0.0088	0.000	0.000
$^3/_4$	$^2/_4$	0.0013	0.0314	0.0064	$-\,0.146$	0.000
$^4/_4$	$^2/_4$	0.0000	0.0000	0.0000	$-\,0.310$	0.000
$^2/_4$	$^0/_4$	0.0000	0.0000	0.0000	0.000	0.197
$^2/_4$	$^1/_4$	0.0014	0.0320	0.0094	0.000	0.048
$^2/_4$	$^2/_4$	0.0018	0.0411	0.0088	0.000	0.000
$^2/_4$	$^3/_4$	0.0014	0.0320	0.0094	0.000	$-\,0.048$
$^2/_4$	$^4/_4$	0.0000	0.0000	0.0000	0.000	$-\,0.197$

---

[1] Hierbei wird die Torsionssteifigkeit $2\,C$ durch

$$2\,C = \frac{N_x}{2}\left(1 - \frac{1}{\mu}\right)(1 + K^2) = \frac{E\,\mu}{2\,(\mu + 1)}\,(1 + K^2)\,J_x = \frac{E\,\mu}{2\,(\mu + 1)}\,(J_x + J_y)$$

ausgedrückt, und die Grundgleichung (1 a) stimmt mit der Formel von H. Marcus, d. h.

$$J_x\frac{\partial^4\zeta}{\partial x^4} + (J_x + J_y)\frac{\partial^4\zeta}{\partial x^2\,\partial y^2} + J_y\frac{\partial^4\zeta}{\partial y^4} = p\,\frac{\mu^2 - 1}{E\,\mu^2}$$

überein (siehe S. 52).

Tabelle 4 (vgl. beigefügte Tafel I und II).

Punkte		Beiwerte auf den Rändern				
x/a	y/b	$\overline{M}_{xy}$	$\overline{V}_x$	$\overline{V}_y$	$\overline{Q}$	$\overline{R}$
$^0/_4$	$^0/_4$	$-\,0.0203$	0.000	0.000	0.000	0.000
$^1/_4$	$^0/_4$	$-\,0.0132$	0.000	0.163	0.069	0.232
$^2/_4$	$^0/_4$	0.0000	0.000	0.197	0.084	0.282
$^3/_4$	$^0/_4$	0.0132	0.000	0.163	0.069	0.232
$^4/_4$	$^0/_4$	0.0203	0.000	0.000	0.000	0.000
$^0/_4$	$^0/_4$	$-\,0.0203$	0.000	0.000	0.000	0.000
$^0/_4$	$^1/_4$	$-\,0.0102$	0.270	0.000	0.048	0.318
$^0/_4$	$^2/_4$	0.0000	0.310	0.000	0.041	0.351
$^0/_4$	$^3/_4$	0.0102	0.270	0.000	0.048	0.318
$^0/_4$	$^4/_4$	0.0203	0.000	0.000	0.000	0.000

Die negativen Reaktionen (Einzelkräfte) in den vier Ecken sind einander gleich:

$$P_0 = P_A = P_B = P_C = -\,0{,}041\,p\,b^2$$

§ 13. Die auf den vier Seiten vollkommen eingespannte Platte.

Die Berechnung durch die Formel (67) ergibt die Werte von $\dfrac{L_n}{2}$ und K_{ns} wie in Tabelle 5 angegeben[1].

Bezeichnet man mit $U_n^{(1)}$, $U_n^{(2)}$, $U_n^{(3)} \ldots$ das erste, zweite, dritte $\ldots$ Glied in der Formel (72), so erhält man die in Tabelle 6 wiedergegebenen Zahlen.

Wie die Tabelle 6 zeigt, erhält man schon eine hinreichende Genauigkeit der Zahlengröße von A_n, wenn man nur die ersten vier oder fünf Glieder der Reihe $U_n^{(k)}$ berechnet; es konvergieren die Reihen für ζ bzw. $\overline{M}$ sogar noch schneller als die Reihe für A_n, weil die ersten durch die Reihe mit $\dfrac{A_n}{n^3\,\pi^3}$ bzw. $\dfrac{A_n}{n\,\pi}$ definiert sind. Die den verschiedenen Werten von n entsprechenden Größen von $\dfrac{A_n}{n^3\,\pi^3}$, $\dfrac{A_n}{n^2\,\pi^2}$ bzw. $\dfrac{A_n}{n\,\pi}$ sind in der Tabelle 7 zusammengestellt.

Nachdem wir die den verschiedenen Werten von n entsprechenden Größen von A_n berechnet haben, können wir nach der Formel (68) die den verschiedenen Werten von m entsprechenden Größen von B_m berechnen, siehe Tabelle 8.

---

[1] Hierbei wird $A_n = \dfrac{L_n}{2} + \sum\limits_{s} K_{ns}\,A_s$, da $A_n = \dfrac{\overline{A}_n}{2}$ ist.

Tabelle 5.

n	$\dfrac{L_n}{2}$	K_{ns}								
		$s=1$	$s=3$	$s=5$	$s=7$	$s=9$	$s=11$	$s=13$	$s=15$	$s=17$
1	0.0216186	0.1714038	0.0224195	0.0047809	0.0015777	0.0006731	0.0003372	0.0001884	0.0001171	0.0000730
3	— 0.0169592	0.6556745	0.1020828	0.0285492	0.0117887	0.0059023	0.0033178	0.0020196	0.0013043	0.0008818
5	— 0.0223574	0.6763595	0.1381021	0.0510596	0.0249411	0.0138629	0.0083746	0,0053773	0,0036191	0.0025287
7	— 0.0203029	0.6132487	0.1566777	0.0685250	0.0367652	0.0217584	0.0137736	0.0091736	0.0063585	0.0045511
9	— 0.0177287	0.5573352	0.1670991	0.0811338	0.0463484	0.0287148	0.0188386	0.0129139	0.0091638	0.0066876
11	— 0.0155026	0.5097653	0.1714917	0.0894888	0.0535696	0.0343979	0.0232236	0.0162938	0.0117860	0.0087397
13	— 0.0137043	0.4700419	0.1723165	0.0948461	0.0588929	0.0389194	0.0268951	0.0192333	0.0141353	0.0106206
15	— 0.0122509	0.4363934	0.1709526	0.0978206	0.0627076	0.0424212	0.0298855	0.0217126	0.0161678	0.0122839
17	— 0.0110622	0.4074728	0.1682489	0.0997417	0.0653358	0.0450710	0.0322600	0.0237501	0.0178818	0.0137135

Tabelle 6.

n	$U_n^{(1)} = \dfrac{L_n}{2}$	$U_n^{(2)}$	$U_n^{(3)}$	$U_n^{(4)}$	$U_n^{(5)}$	$U_n^{(6)}$	$U_n^{(7)}$	$U_n^{(8)}$	$U_n^{(9)}$	$U_n^{(10)}$	$U_n^{(11)}$	$A_n = \sum\limits_{k=1}^{11} U_n^{(k)}$
1	0.0216186	0.0031644	0.0008625	0.0002664	0.0000862	0.0000284	0.0000094	0.0000031	0.0000010	0.0000004	0.0000001	0.02604
3	—0.0169592	0.0113564	0.0036605	0.0011952	0.0003945	0.0001308	0.0000434	0.0000144	0.0000048	0.0000016	0.0000005	— 0.00016
5	—0.0223574	0.0101103	0.0045322	0.0016158	0.0005493	0.0001839	0.0000612	0.0000204	0.0000068	0.0000023	0.0000008	— 0.00527
7	—0.0203029	0.0074688	0.0048823	0.0018788	0.0006537	0.0002207	0.0000736	0.0000245	0.0000082	0.0000027	0.0000009	— 0.00509
9	—0.0177287	0.0052957	0.0050906	0.0020794	0.0007359	0.0002479	0.0000835	0.0000278	0.0000093	0.0000031	0.0000010	— 0.00415
11	—0.0155026	0.0035895	0.0051859	0.0022210	0.0007962	0.0002714	0.0000908	0.0000303	0.0000101	0.0000034	0.0000011	— 0.00330
13	—0.0137043	0.0022619	0.0052109	0.0023192	0.0008400	0.0002880	0.0000962	0.0000321	0.0000107	0.0000036	0.0000012	— 0.00264
15	—0.0122509	0.0012280	0.0051855	0.0023826	0.0008697	0.0002916	0.0000999	0.0000333	0.0000111	0.0000037	0.0000012	— 0.00214
17	—0.0110622	0.0004038	0.0051322	0.0024219	0.0008998	0.0003057	0.0001024	0.0000342	0.0000114	0.0000038	0.0000013	— 0.00175

Tabelle 7.

n	A_n	$\dfrac{A_n}{n\pi}$	$\dfrac{A_n}{n^2\pi^2}$	$\dfrac{A_n}{n^3\pi^3}$
1	$+\,0.02604$	$+\,0.00829$	$+\,0.00264$	$+\,0.00084$
3	$-\,0.00016$	$-\,0.00002$	$-\,0.00000$	$-\,0.00000$
5	$-\,0.00527$	$-\,0.00034$	$-\,0.00002$	$-\,0.00000$
7	$-\,0.00509$	$-\,0.00023$	$-\,0.00001$	$-\,0.00000$
9	$-\,0.00415$	$-\,0.00015$	$-\,0.00001$	$-\,0.00000$
11	$-\,0.00330$	$-\,0.00010$	$-\,0.00000$	$-\,0.00000$
13	$-\,0.00264$	$-\,0.00006$	$-\,0.00000$	$-\,0.00000$
15	$-\,0.00214$	$-\,0.00005$	$-\,0.00000$	$-\,0.00000$
17	$-\,0.00175$	$-\,0.00003$	$-\,0.00000$	$-\,0.00000$

Tabelle 8.

m	B_m	$\dfrac{B_m}{m\pi}$	$\dfrac{B_m}{m^2\pi^2}$	$\dfrac{B_m}{m^3\pi^3}$
1	$+\,0.05545$	$+\,0.01765$	$+\,0.00562$	$+\,0.00179$
3	$-\,0.01907$	$-\,0.00202$	$-\,0.00021$	$-\,0.00002$
5	$-\,0.01193$	$-\,0.00076$	$-\,0.00005$	$-\,0.00000$
7	$-\,0.00723$	$-\,0.00033$	$-\,0.00001$	$-\,0.00000$
9	$-\,0.00460$	$-\,0.00016$	$-\,0.00001$	$-\,0.00000$
11	$-\,0.00308$	$-\,0.00009$	$-\,0.00000$	$-\,0.00000$
13	$-\,0.00216$	$-\,0.00005$	$-\,0.00000$	$-\,0.00000$
15	$-\,0.00158$	$-\,0.00003$	$-\,0.00000$	$-\,0.00000$
17	$-\,0.00119$	$-\,0.00002$	$-\,0.00000$	$-\,0.00000$

Wenn man mit Benutzung der oben erhaltenen Werte von A_n und B_m die Werte von $\bar{\zeta}_1$, $\overline{M}_x^{(1)}$, $\overline{M}_y^{(1)}$ ... berechnet, kann man durch die Beziehungen

$$\bar{\zeta} = \bar{\zeta}_0 + \bar{\zeta}_1, \qquad \overline{M}_x = \overline{M}_x^{(0)} + \overline{M}_x^{(1)}, \qquad \overline{M}_y = \overline{M}_y^{(0)} + \overline{M}_y^{(1)} \ldots,$$

worin $\bar{\zeta}_0$, $\overline{M}_x^{(0)}$, $\overline{M}_y^{(0)}$ ... die in den Tabellen 3 und 4 enthaltenen Größen für die freiaufliegende Platte sind, die Werte von $\bar{\zeta}$, $\overline{M}_x$, $\overline{M}_y$ ... berechnen. Die Ergebnisse sind folgende:

Tabelle 9 (vgl. beigefügte Tafel III).

x/a	y/b	$\bar{\zeta}$	$\overline{M}_x$	$\overline{M}_y$
$^0/_4$	$^2/_4$	0.00000	$-\,0.0359$	$-\,0.0027$
$^1/_4$	$^2/_4$	0.00027	0.0071	0.0010
$^2/_4$	$^2/_4$	0.00048	0.0207	0.0028
$^3/_4$	$^2/_4$	0.00027	0.0071	0.0010
$^4/_4$	$^2/_4$	0.00000	$-\,0.0359$	$-\,0.0027$
$^2/_4$	$^0/_4$	0.00000	$-\,0.0063$	$-\,0.0182$
$^2/_4$	$^1/_4$	0.00035	0.0129	0.0036
$^2/_4$	$^2/_4$	0.00048	0.0207	0.0028
$^2/_4$	$^3/_4$	0.00035	0.0129	0.0036
$^2/_4$	$^4/_4$	0.00000	$-\,0.0063$	$-\,0.0182$

Tabelle 10 (vgl. beigefügte Tafel III).

x/a	y/b	$\overline{M}_x$	$\overline{M}_y$	$\overline{R}\,(=\overline{V})$
$^0/_4$	$^0/_4$	0.0000	0.0000	0.000
$^1/_4$	$^0/_4$	$-\,0.0039$	$-\,0.0103$	0.165
$^2/_4$	$^0/_4$	$-\,0.0063$	$-\,0.0168$	0.257
$^3/_4$	$^0/_4$	$-\,0.0039$	$-\,0.0103$	0.165
$^4/_4$	$^0/_4$	0.0000	0.0000	0.000
$^0/_4$	$^0/_4$	0.0000	0.0000	0.000
$^0/_4$	$^1/_4$	$-\,0.0274$	$-\,0.0020$	0.304
$^0/_4$	$^2/_4$	$-\,0.0359$	$-\,0.0027$	0.353
$^0/_4$	$^3/_4$	$-\,0.0274$	$-\,0.0020$	0.304
$^0/_4$	$^4/_4$	0.0000	0.0000	0.000

Viertes Kapitel.

Schlußbemerkungen.

§ 14. Der Einfluß der Torsionssteifigkeit.

In einem Falle, wo $\mu_1 = \mu_2 = \mu$ ist, wird die Torsionssteifigkeit $2\,C$ durch

$$2\,C = 2\,G\,J' = \frac{\mu\,E}{\mu+1}\,J'$$

gegeben. Hierin ist J' eine zwischen den zwei Trägheitsmomenten J_x und J_y liegende Größe. Als J' für die kreuzweise bewehrte Betonplatte nahm H. Marcus

$$J' = \frac{1}{2}\,(J_x + J_y) = \frac{1+K^2}{2}\,J_x$$

an[1].

Daraus folgt
$$2\,C = \frac{E\,\mu}{2\,(\mu+1)}\,(J_x + J_y), \qquad K'^2 = \frac{1+K^2}{2}$$

Später setzte er

$$J' = \frac{J_x\,J_y}{J_x + J_y}$$

und war der Meinung, daß die Torsionssteifigkeit $2\,C$ durch

$$2\,C = E\,J' = E\,\frac{J_x\,J_y}{J_x + J_y}$$

gegeben werden kann, vorausgesetzt, daß der Wert der Poissonschen Zahl $\frac{1}{\mu}$ hinreichend klein ist[2].

M. T. Huber nimmt als Größe von J'

$$J' = \sqrt{J_x\,J_y}$$

an und schlägt vor, für nicht stark beanspruchte Betonplatten von der Dicke h

$$J' = \frac{h^3}{12}$$

anzunehmen, indem die Widerstandsfähigkeit des Betons gegen die Zugbeanspruchung berücksichtigt, die Wirkung des Eisens dagegen vernachlässigt wird. Ferner ist er der Meinung, daß die Wirksamkeit

---

[1] Marcus, H.: Die Theorie elastischer Gewebe und ihre Anwendung auf die Berechnung biegsamer Platten, S. 105.

[2] Die Grundlagen der Querschnittsbemessung kreuzweise bewehrter Platten. Bauing. 1926 Heft 30 u. 31.

der Torsionssteifigkeit nach dem ersten Riß des Betons völlig vernachlässigt werden soll[1]; hierbei folgt naturgemäß:

$$J' = 0 \quad \text{und} \quad K'^2 = \frac{1}{2\mu}(1 + K^2).$$

Wenn man die von H. Marcus angenommene Größe J' mit einer
Größe j, die nicht größer als die Einheit ist, multipliziert, so ist

$$J' = \frac{j}{2}(J_x + J_y),$$

und folglich

$$2C = \frac{j}{2}(1 + K^2)\left(1 - \frac{1}{\mu}\right)N_x$$

$$K'^2 = \frac{1 + K^2}{2}\left\{\frac{1}{\mu} + j\left(1 - \frac{1}{\mu}\right)\right\}.$$

Um klar zu machen, wie die Größen
der Beiwerte $\bar{\zeta}$, $\bar{M}_x$ usw. sich durch
die verschiedenen Werte von j ver-
ändern, hat der Verfasser einige Berechnungen nach seinen Formeln für
die gleichmäßig belastete frei aufliegende Platte durchgeführt. Die Ergebnisse sind folgende:

I. Eine quadratische Platte mit

$$K = \sqrt{\frac{J_y}{J_x}} = 1 \text{ und } \mu = 6.$$

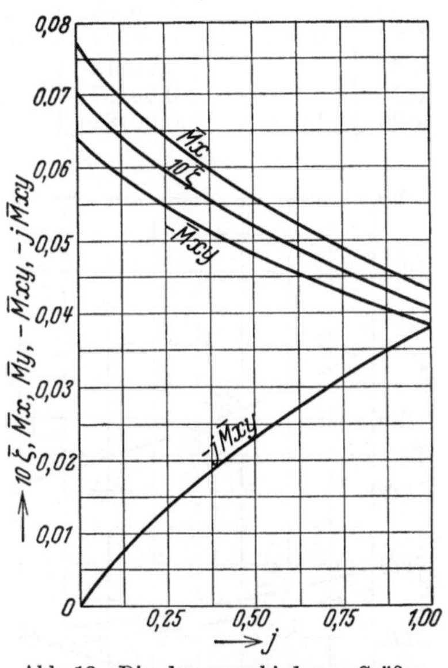

Abb. 12. Die den verschiedenen Größen
von j entsprechenden Beiwerte für die
Durchbiegung und Spannungsmomente in
einer freiaufliegenden quadratischen Platte
mit $K = 1$ und $\mu = 6$.

Tabelle 11.

j	K'^2	$\bar{\zeta}$	$\bar{M}_x = \bar{M}_y$	$-\bar{M}_{xy}$	$-j\bar{M}_{xy}$
		in der Mitte		an der Ecke	
0.00	0.16667	0.00699	0.0767	0.0637	0.0000
0.25	0.37500	0.00594	0.0642	0.0546	0.0136
0.50	0.58333	0.00514	0.0552	0.0477	0.0239
0.75	0.79166	0.00453	0.0484	0.0425	0.0319
1.00	1.00000	0.00406	0.0430	0.0383	0.0383

Man sieht, daß alle Beiwerte mit der Zunahme der Größe von j
abnehmen, indem die Werte von $\bar{\zeta}$, $\bar{M}_x$ bzw. $-\bar{M}_{xy}$ für $j = 1$ (hierbei
ist die Wirksamkeit der Torsionssteifigkeit berücksichtigt) um 42, 44
bzw. 43% kleiner sind als diejenigen für $j = 0$ (hierbei ist die Wirksamkeit der Torsionssteifigkeit vernachlässigt).

---

[1] Bauing. 1923 Heft 12 u. 13; 1925 Heft 30.

II. Eine rechteckige Platte mit $\dfrac{a}{b} = \dfrac{2}{3}$, $K = \sqrt{\dfrac{J_y}{J_x}} = \dfrac{2}{3}$ und $\mu = 6$.

Tabelle 12.

j	K'^2	$\bar{\zeta}$	$\overline{M}_x$	$\overline{M}_y$	$-\overline{M}_{xy}$	$-j\overline{M}_{xy}$
		in der Mitte			an der Ecke	
0.00	0.16667	0.00263	0.0599	0.0124	0.0293	0.0000
0.25	0.37500	0.00237	0.0538	0.0113	0.0263	0.0066
0.50	0.58333	0.00215	0.0488	0.0103	0.0239	0.0120
0.75	0.79166	0.00197	0.0446	0.0095	0.0220	0.0165
1.00	1.00000	0.00182	0.0411	0.0088	0.0203	0.0203

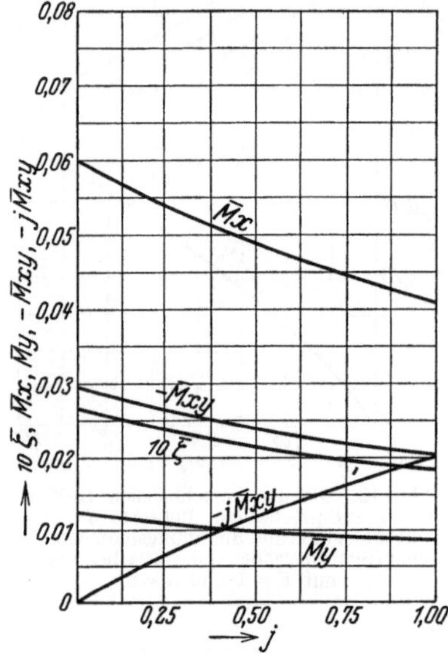

Abb. 13. Die den verschiedenen Größen von j entsprechenden Beiwerte für die Durchbiegung und Spannungsmomente in einer freiaufliegenden rechteckigen Platte mit $\dfrac{a}{b} = K = \dfrac{2}{3}$ und $\mu = 6$.

Hierin betragen die Prozentsätze der Größenabnahmen für $\bar{\zeta}$, $\overline{M}_x$, $\overline{M}_y$ bzw. $-\overline{M}_{xy}$ in demselben Sinne wie im ersten Falle ungefähr 30, 32, 30 bzw. 31%.

§ 15. Die Werte von j und K für die Eisenbetonplatte.

Wenn man die im vorigen Paragraphen angegebenen Formeln auf die Berechnung der Eisenbetonplatte anwenden will, so ist es von großer Wichtigkeit, sowohl für die zwei Trägheitsmomente J_x und J_y (folglich K) als auch für die Torsionssteifigkeit $2C$ (folglich j) möglichst richtige Werte einzusetzen. In den meisten Fällen ergeben sich für das Trägheitsmoment J verschiedene Werte, je nachdem ob bei seiner Berechnung die auf die Schnittfläche des Betons wirkende Zugbeanspruchung in Betracht gezogen wird oder nicht. Wenn man bei der Berechnung des J die durch die Zugkraft beanspruchte Schnittfläche des Betons als eine gültige Querschnittfläche annimmt, so ist meistens das Verhältnis $\sqrt{\dfrac{J_y}{J_x}} = K$ beinahe gleich 1, obwohl die Menge des Eisens sich in der x- und y-Richtung ziemlich unterscheidet.

Die richtigen Werte von K und j können nur durch einen sorgfältigen Versuch bestimmt werden. Der Verfasser hat früher einige Biegungsversuche mit kreuzweise bewehrten Eisenbetonplatten gemacht[1]. Die Versuchskörper bestanden aus 6 Platten, von denen je zwei die folgenden gleichen Abmessungen hatten:

Tabelle 13.

Versuchs-körper		Seitenlänge		Dicke	a/b	Abstand der Stäbe		Durchm. der Stäbe
Name	Anzahl	a	b			x-Richtung	y-Richtung	
A	2	180 cm	180 cm	7.7 cm	1	10.000 cm	7.35 cm	6.35 mm
B	2	150 cm	180 cm	7.7 cm	⁵/₆	8.000 cm	9.560 cm	6.35 mm
C	2	120 cm	180 cm	7.7 cm	²/₃	7.000 cm	15.000 cm	6.35 mm

Die Platten wurden auf ihren vier Seiten frei gestützt mit einer Einrichtung, durch die das Aufheben der vier Ecken verhindert wurde. Die Belastung wurde gleichmäßig auf eine kleine rechteckige Fläche verteilt, die mit der Platte einen gemeinsamen Mittelpunkt und parallele Lage zu ihr hatte. Hierdurch wurden die den verschiedenen Belastungsgrößen entsprechenden Durchbiegungen an 13 in gleichen Abständen verteilten Punkten gemessen. Die Vergleiche der beobachteten Werte der Durchbiegungen mit den theoretisch berechneten zeigten uns, daß die beiden Werte sich günstig einander näherten, wenn der Wert von $j = 1$ war und die Trägheitsmomente J_x und J_y in der Voraussetzung berechnet wurden, daß die durch die Zugkraft beanspruchte Schnittfläche des Betons dennoch als eine günstige Querschnittfläche anzusehen sei. Diese Tatsache bestätigt, daß die Gleichung

$$\Delta \Delta \zeta = \frac{\partial^4 \zeta}{\partial x^4} + 2 \frac{\partial^4 \zeta}{\partial x^2 \partial y^2} + \frac{\partial^4 \zeta}{\partial y^4} = \frac{p_{xy}}{N_x}$$

als die Grundgleichung für die Eisenbetonplatte brauchbar ist. Im strengen Sinne der Theorie muß man aber die Grenze der Brauchbarkeit obiger Gleichung darauf beschränken, daß die Platte nicht zu stark beansprucht wird. Aber der Versuch des Verfassers zeigte, daß die gemessenen Durchbiegungen auch nach dem ersten Riß des Betons keine großen Abweichungen von den berechneten Werten für $K = j = 1$ ergeben.

Offenbar beruht obige Tatsache darauf, daß die Größe der Durchbiegung an einem Punkt nicht nur von der Steifigkeit (folglich dem Wert des Trägheitsmomentes) des betrachteten Punktes, sondern auch von der Steifigkeit der ganzen Platte abhängig ist, obwohl bei der Berechnung sowohl des Trägheitsmomentes als auch der Beanspruchungsverteilung in der gerissenen Schnittfläche naturgemäß der Flächenteil für die Zugbeanspruchung des Betons vernachlässigt werden muß.

---

[1] Der eingehende Bericht hierüber befindet sich im Journal of Civil Engineering, Japan, Vol. 18 (1932) No. 7.

§ 16. Die Anwendbarkeit des Verfahrens.

Obwohl der Verfasser als Anwendungsbeispiel seiner allgemeinen Formeln (15) und (33) nur drei im zweiten Kapitel beschriebene Sonderfälle gewählt hat, kann man natürlich aus ihnen die Formeln auch für Platten mit den in § 2 dargelegten anderen 6 Grenzbedingungen ableiten[1]; auch für die auf einem elastischen Untergrund ruhende Platte ist dieses der Fall. Weiter hat der Verfasser seine Besprechung nur auf die einfachen Platten ohne Seitenflügel beschränkt. Aber des Verfassers allgemeine Formeln sind auch für die durchlaufende Platte brauchbar, wenn man dabei berücksichtigt, daß die Koeffizienten $C_{mn}, C'_{mn} \ldots D_n, D'_n$ von den Grenzbedingungen des Seitenflügels abhängig sind. Da der gerade Balken als Sonderfall der ebenen rechteckigen Platte, deren gegenüberliegende Seiten sich ins Unbegrenzte verlängern, angenommen werden kann, ist es möglich, die Formel für die Durchbiegung bzw. die Beanspruchung desselben auch aus der Formel für die Platte abzuleiten, wofür der Verfasser schon im § 11 ein Beispiel ausgeführt hat.

---

[1] Eine eingehende Abhandlung darüber hat der Verfasser im Journal of Civil Engineering, Japan, Vol. 16 (1930) u. Vol. 10 (1931) veröffentlicht.

Druck von Oscar Brandstetter in Leipzig.

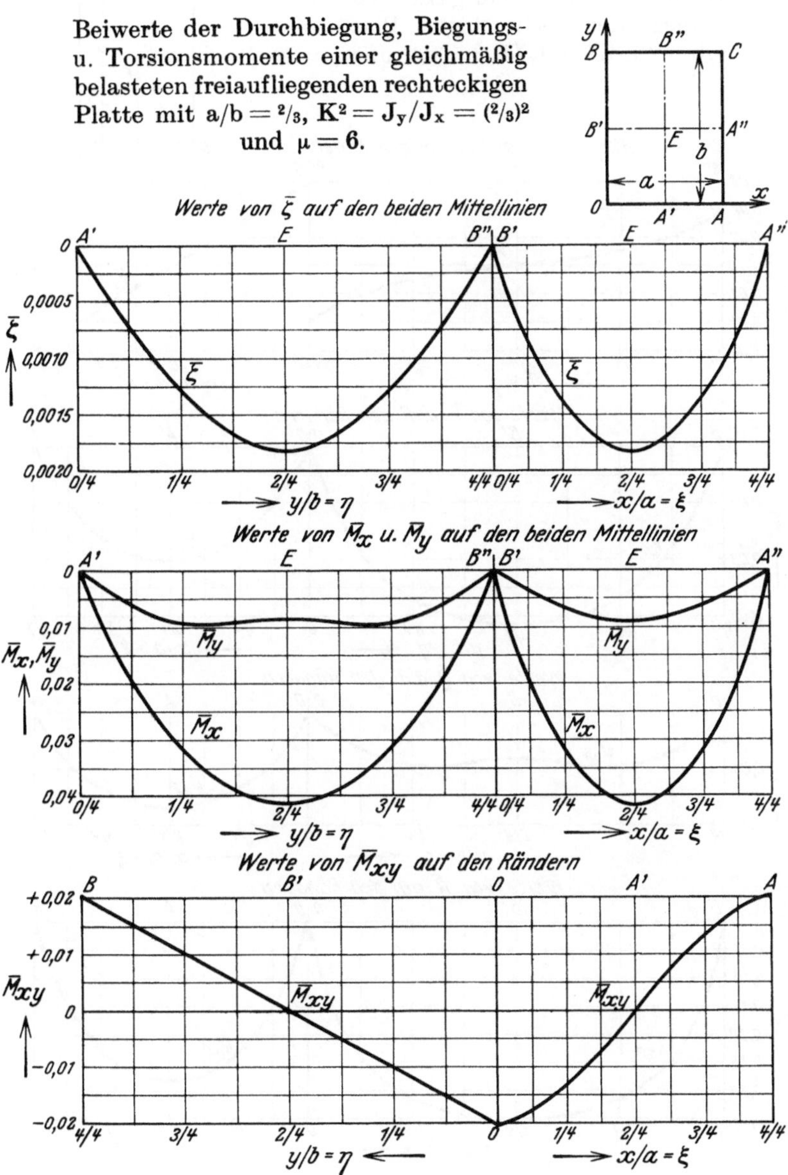

Beiwerte der Durchbiegung, Biegungs- u. Torsionsmomente einer gleichmäßig belasteten freiaufliegenden rechteckigen Platte mit a/b = ²/₃, K² = Jy/Jx = (²/₃)² und μ = 6.
Werte von ξ̄ auf den beiden Mittellinien
A'
E
B" B'
E
A"
0
0,0005
0,0010
0,0015
0,0020
ξ̄
ξ̄
ξ̄
0/4
1/4
2/4
3/4
4/4 0/4
1/4
2/4
3/4
4/4
y/b = η
x/a = ξ
Werte von M̄x u. M̄y auf den beiden Mittellinien
A'
E
B" B'
E
A"
0
0,01
0,02
0,03
0,04
M̄x, M̄y
M̄y
M̄x
M̄y
M̄x
0/4
1/4
2/4
3/4
4/4 0/4
1/4
2/4
3/4
4/4
y/b = η
x/a = ξ
Werte von M̄xy auf den Rändern
B
B'
0
A'
A
+0,02
+0,01
0
-0,01
-0,02
M̄xy
M̄xy
M̄xy
4/4
3/4
2/4
1/4
0
1/4
2/4
3/4
4/4
y/b = η
x/a = ξ
y
B
B"
C
B'
A"
E
b
0
A'
A
a
x

Beiwerte der Scherkräfte und Auflagerkräfte einer gleichmäßig belasteten freiaufliegenden rechteckigen Platte mit $a/b = {}^2/_3$, $K^2 = J_y/J_x = ({}^2/_3)^2$ und $\mu = 6$.

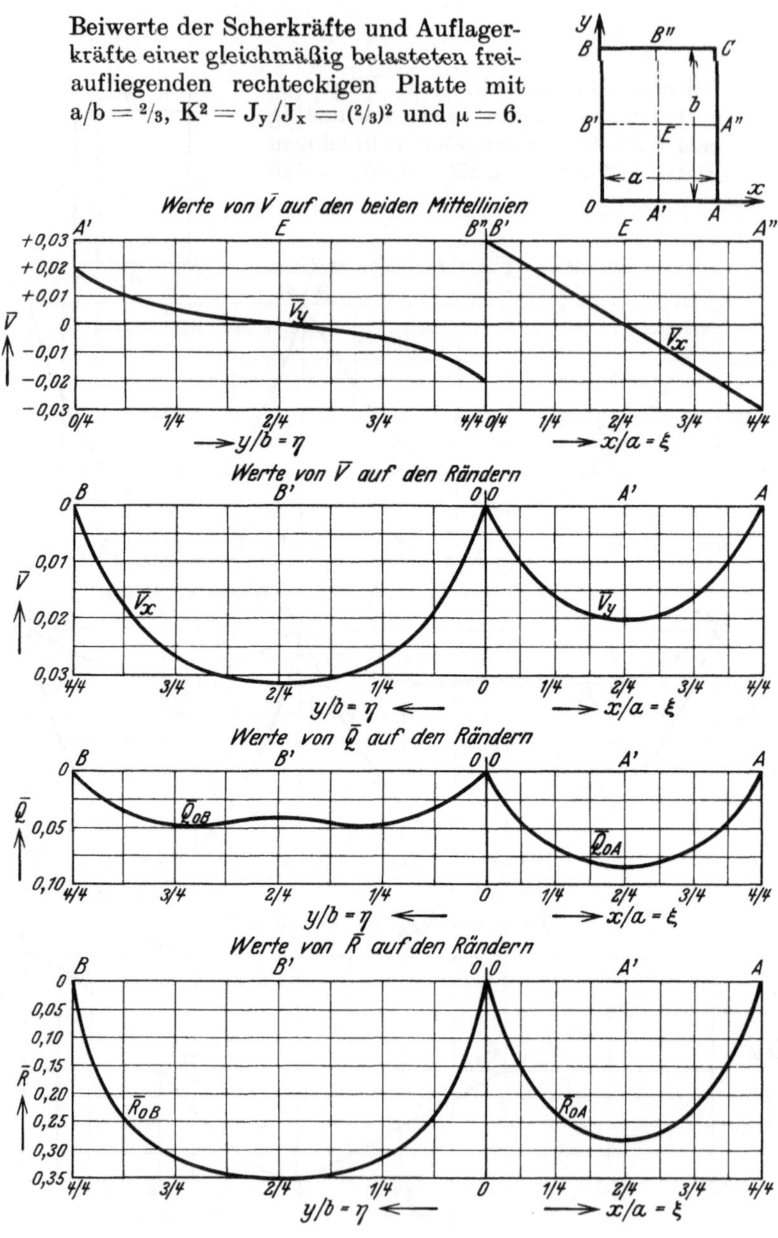

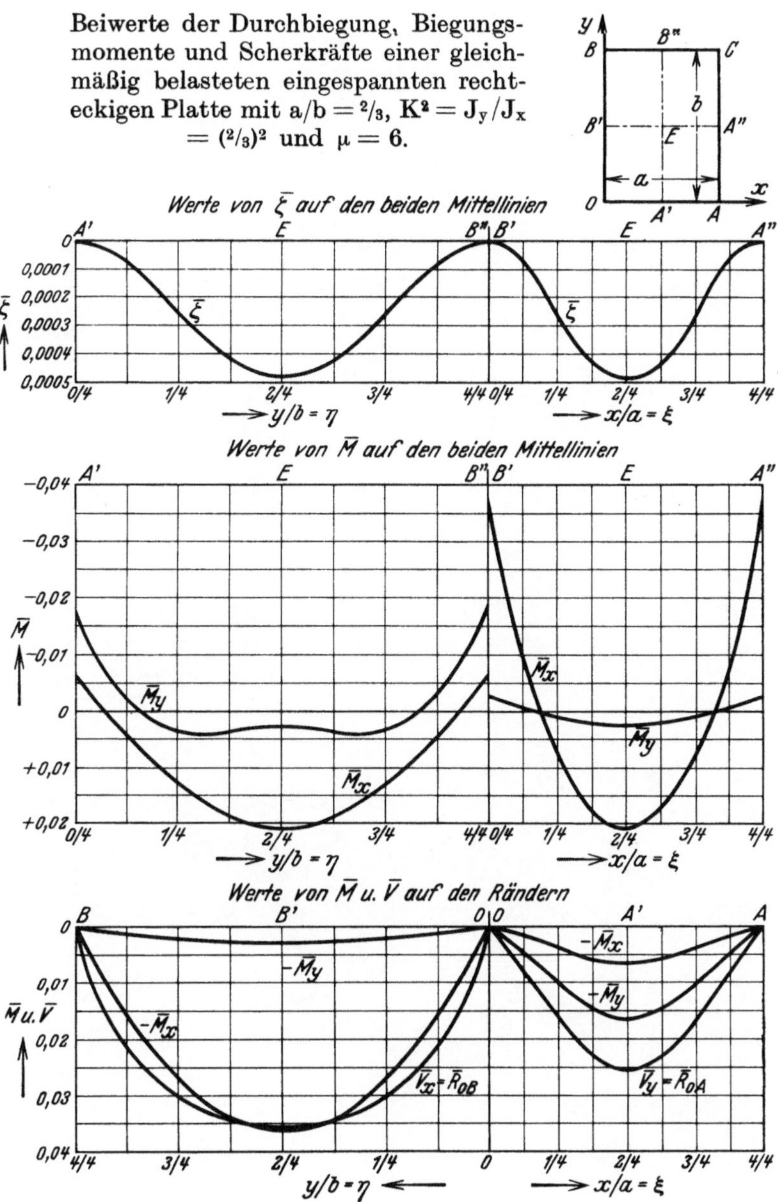

Beiwerte der Durchbiegung, Biegungsmomente und Scherkräfte einer gleichmäßig belasteten eingespannten rechteckigen Platte mit a/b = ²/₃, K² = J_y/J_x
= (²/₃)² und μ = 6.
y
B
B"
C
B'
A"
b
E
a
x
O
A'
A
Werte von ξ̄ auf den beiden Mittellinien
A'
E
B" B'
E
A"
0
0,0001
0,0002
ξ̄
0,0003
ξ̄
ξ̄
0,0004
0,0005
0/4
1/4
2/4
3/4
4/4 0/4
1/4
2/4
3/4
4/4
y/b = η
x/a = ξ
Werte von M̄ auf den beiden Mittellinien
A'
E
B" B'
E
A"
−0,04
−0,03
−0,02
M̄
−0,01
M̄x
0
M̄y
+0,01
M̄y
M̄x
+0,02
0/4
1/4
2/4
3/4
4/4 0/4
1/4
2/4
3/4
4/4
y/b = η
x/a = ξ
Werte von M̄ u. V̄ auf den Rändern
B
B'
0 0
A'
A
0
−M̄x
−M̄y
0,01
M̄u.V̄
−M̄y
0,02
−M̄x
0,03
V̄x = R̄oB
V̄y = R̄oA
0,04
4/4
3/4
2/4
1/4
0
1/4
2/4
3/4
4/4
y/b = η
x/a = ξ